AF454045

DISCOURS

SUR LA

CONDITION PHYSIQUE

DE

LA TERRE,

PAR

M. JEAN REYNAUD.

(Extrait de l'Encyclopédie nouvelle.)

Meo quidem judicio, terra hoc præcipuè
nomine nobilissima et admiranda censeri
debet, quia tantæ et multitudinis et varie-
tatis alterationes, mutationes, generationes,
incessabiliter in eà fiant.

Galilée, *Systema cosmicum.*

PARIS.

IMPRIMERIE DE BOURGOGNE ET MARTINET,

RUE JACOB, 30.

1840.

ARGUMENT.

Principes et variations des phénomènes physiques de la terre. — Défaut d'harmonie entre ces phénomènes et l'organisation de l'homme. — Correction des discordances. — Principe et variation de la loi de travail — Imperfection de l'état de l'homme sur la terre

DISCOURS

SUR LA

CONDITION PHYSIQUE

DE

LA TERRE.

Je suppose qu'un astronome de quelqu'un des mondes qui nous avoisinent, prenons Saturne, soit chargé de parler de la terre à ses concitoyens ; voici, à ce que je puis raisonnablement imaginer, sur le fondement d'un peu plus d'ancienneté et de force visuelle que nous n'en avons, comment il le ferait.

« La terre, dirait-il, est un astre d'une lumière bleuâtre et d'un diamètre angulaire d'environ 2″, que nous voyons toujours au voisinage du soleil. Par sa grandeur apparente et son éclat, il est presque semblable à Vénus. Comme cette planète et les autres planètes supérieures, il est tantôt étoile du matin et tantôt étoile du soir. Arrivé à son plus grand écartement du soleil, il demeure un instant immobile dans le ciel, puis, reprenant sa marche en sens contraire, il se rapproche du soleil et le dépasse à l'occident à peu près comme il l'avait dépassé à l'orient.

» Cette oscillation apparente de la terre est le résultat de sa révolution continuelle autour du soleil, et la preuve en est dans les phases qu'elle présente. Selon qu'elle est en opposition ou en conjonction, son disque nous paraît plein ou s'éclipse totalement, et dans l'intervalle, il ne se montre éclairé qu'en partie. Ainsi l'éclat de la terre n'est pas constant. Il l'est même d'autant moins que la distance de cette planète à notre égard, par suite de sa révolution, n'est pas constante non plus. On doit la regarder, dans les proportions générales de notre système, comme assez voisine du soleil, car elle n'en est guère éloignée que de cent fois le diamètre de cet astre. C'est ce rapprochement qui fait qu'elle accomplit si promptement, en comparaison de nous, sa révolution, tant parce que son orbite a moins de développement que le nôtre, que parce qu'elle s'y meut avec plus de vitesse. Les années de la terre n'ont pas même la durée de la moitié de l'un de nos mois, et la chronologie terrestre est tout près de compter un siècle quand la nôtre compte trois ans. Tandis que l'année est si courte sur la terre, les jours y sont, au contraire, deux fois et demi plus longs que chez nous. De sorte que, bien différente de notre année, qui est de plus de 24 000 jours, cette année-là n'en renferme qu'environ 365. Ainsi, le même nombre de jours qui, chez nous, ne fait que la sixième partie d'un mois, fait, pour les habitans de la terre, toute une année.

» Il semble que la nature se soit plue à régler toutes les conditions de cet astre d'après un idéal d'exiguïté. Il est si petit que, sans l'analogie, il serait à peine permis de le ranger dans la même classe que les grands. Son volume n'est que la millième partie de celui de notre planète, qui n'est elle-même que la millième partie du globe du soleil. La terre, en regard de cette masse centrale, ne paraît donc qu'un simple globule de matière, indépendant de toute adhérence, et mis en libre carrière dans l'espace.

» Mais la grandeur est sans valeur absolue. Les mouvemens de la terre, n'importe la petitesse relative de ses proportions, sont régis par les mêmes lois que ceux des astres les plus considérables. Soumise aux influences continuellement changeantes des masses circonvoisines, ce n'est qu'après un nombre immense d'années qu'elle pourrait se retrouver à leur égard dans une situation identique, et de nouvelles circonstances qui se développent dans cet intervalle font éternellement manquer le rétablissement d'identité. C'est par là que l'histoire de la terre prend des traits de grandeur qui, à la vérité, ne sont point en elle-même, mais qui lui viennent des rapports par lesquels elle se lie au

monde environnant. Ce monde, et spécialement le groupe
dont elle fait partie, l'oblige continuellement à réfléchir par
certaines variations toutes les variations qu'il éprouve lui-
même, et introduit ainsi la suite indéfinie de ses vicissitudes
dans l'astronomie de cette résidence particulière.

» Si l'on se bornait à observer le mouvement de la terre
durant un seul instant, ou si, l'observant durant une révolution tout entière, on ne l'analysait pas avec une finesse
suffisante, on serait porté à conclure qu'elle décrit autour
du soleil une ellipse dont un des foyers est occupé par
lui; que l'excentricité de cette ellipse est d'environ 0,052
du grand axe; que non seulement les proportions de la
courbe sont constantes, mais que sa direction et le plan
dans lequel elle est située le sont aussi. Il paraîtrait que
la terre, tout en parcourant son orbite, tourne sur elle-
même dans un plan de révolution tombant sous un angle
de 23° sur celui de l'orbite, et le coupant suivant une
ligne inclinée de 99° sur le grand axe de l'ellipse; que la
direction, non plus que l'inclinaison de ce plan de révolution ne changent point, quelle que soit la position de la
terre; enfin, que la durée des révolutions de la terre sur
elle-même et autour du soleil sont également d'une invariabilité absolue. Mais une telle simplicité dans les effets ne
s'accorde pas avec les habitudes générales de la nature. L'ordre que nous venons d'indiquer ne pourrait en effet se produire que si, tous les autres astres s'anéantissant, la terre se
trouvait tout-à-coup, au sein de l'immensité devenue vide,
seule à seule avec le soleil. La présence du système planétaire suffit pour s'opposer à ce que le mouvement de la terre
jouisse de l'uniformité en question, et la courbe qu'elle décrit
sous l'influence de tant de masses diverses qui la sollicitent
dans des directions et à des distances continuellement différentes, se trouve naturellement d'un degré bien supérieur à
celle qui correspondait à l'hypothèse précédente. La partie
de cette courbe qui correspond à un instant infiniment
petit peut bien être considérée comme l'arc infiniment petit
d'une ellipse. Mais celle qui correspond à l'instant infiniment petit qui succède à celui-là, au lieu de se rapporter
à la même ellipse, se rapporte à une ellipse qui diffère de

la précédente et par sa forme et par sa position dans l'espace. Cette variation est sans fin, et c'est dans la relation fondamentale des deux ellipses consécutives que réside le principe du mouvement de la terre. Il ne faut en donner ici qu'un aperçu. Mais encore n'y pourrions-nous réussir à moins d'avoir recours au langage transcendant de l'algèbre, s'il n'y avait moyen de décomposer ce mouvement général en mouvemens plus simples, de manière à n'en faire imaginer que graduellement toute la complexité.

» Concevons donc d'abord une ellipse qui, demeurant dans la même direction et dans le même plan, se dilate continuellement dans le sens de son petit axe jusqu'à devenir enfin circulaire, et qui, à ce terme, changeant son mouvement de dilatation en un mouvement de contraction, revient progressivement au même degré d'aplatissement qu'elle avait eu d'abord, pour, de là, recommencer à se dilater dans le même ordre qu'auparavant, et ainsi de suite ; il est évident que le mobile assujetti à parcourir cette courbe viendra, dans chacune de ses révolutions, couper le petit axe en des points tantôt de plus en plus éloignés, tantôt de plus en plus rapprochés du centre, sa trace dessinant une espèce de spirale à autant d'enroulemens qu'il s'accomplit de révolutions durant le temps nécessaire pour passer de la plus grande excentricité à la plus petite. Si le centre de l'ellipse était fixe, toutes ces spires seraient tangentes entre elles aux sommets du grand axe dont la longueur est sensiblement constante. Mais comme c'est au foyer occupé par le soleil, et non pas au centre, que la fixité de position appartient, il faut se représenter que le grand axe a sur lui-même un mouvement de va-et-vient réglé sur la même période que la variation du petit. Les spires, aux points où elles viennent couper le grand axe, sont donc en retrait graduel les unes à l'égard des autres, et se coupent réciproquement tantôt d'un côté du soleil et tantôt de l'autre, de telle sorte que la moitié qui correspond à la période de diminution du petit axe, au lieu de coïncider avec celle qui correspond à la période d'accroissement, y est simplement unie par une raison de symétrie. Telle est la courbe qui résulte de la considération de cette première inégalité du mouve-

ment de la terre. Bien que la différence entre le minimum et
le maximum de la valeur du petit axe de l'orbite terrestre
n'ait jamais, ainsi que le montrent l'observation et le calcul,
qu'une valeur proportionnellement médiocre, le nombre des
spires qui, séparées les unes des autres par des distances
différentes, mais régulières, se succèdent dans cet intervalle
est de plus de cent mille. C'est-à-dire que la terre emploie
plus de mille siècles de son calendrier à l'accomplissement
de cette révolution importante. Cette variation de l'aplatissement de l'orbite se lie, par les causes mêmes qui la produisent, à une autre variation non moins remarquable ;
c'est le déplacement du grand axe de l'orbite. Au lieu de
demeurer dans le même alignement, ainsi que nous venons
de le supposer, il se meut continuellement comme si l'ellipse
tournait sur son foyer. La complication de la courbe que
nous avons à esquisser est donc encore plus grande que
nous ne l'avons marqué, puisque les spires successives, au
lieu d'avoir leurs sommets sur le grand axe, se coupent
mutuellement, par l'effet de son déplacement, sur des
points de plus en plus éloignés du premier sommet, en
formant par leurs entrelacemens une sorte d'étoile à autant
de rayons qu'il se fait de révolutions autour du centre dans
le temps nécessaire à la variation. Et ce n'est pas tout, car
les deux variations n'étant pas synchroniques, la courbe qui
correspond à la période de contraction ne peut plus être,
comme dans le cas où le grand axe ne changeait pas de direction, en symétrie parfaite avec la courbe de dilatation,
puisque les mêmes positions du grand axe ne se rapportent
plus aux mêmes grandeurs du petit, et que les enroulemens
dont les sommets reprennent la même direction que les enroulemens antérieurs, sont ou plus aplatis ou plus gonflés.
Enfin il reste à dire que le grand axe de l'ellipse, affranchi
par une haute combinaison de mécanique des variations à
longue période, n'est cependant pas dans une invariabilité
absolue, que d'une révolution à l'autre sa grandeur change,
et que ce changement, quoique n'ayant jamais de grandes
valeurs et ne persistant jamais long-temps dans le même
sens, introduit cependant dans la ligne décrite par la terre
un nouveau principe de complication, d'autant plus impor-

tant qu'il est le seul qui ait la vertu de causer de la variation dans la durée des révolutions annuelles.

» Telles sont les conséquences de ce que la terre, au lieu de se mouvoir seulement en raison de ses relations avec le soleil, est sollicitée, dans le plan de son orbite, par d'autres tendances résultant des relations qu'elle a avec les diverses masses planétaires, et qui, moins puissantes que sa tendance vers le soleil, mais continuées dans le même sens durant des périodes considérables, finissent, à la longue, par altérer complétement la ligne générale de son mouvement. Telle est aussi la ligne qu'elle se bornerait à décrire si ses tendances vers les planètes demeuraient comprises dans le plan de son orbite. Mais comme les plans dans lesquels ces astres se meuvent ont tous une certaine inclinaison sur celui-ci, il s'ensuit qu'appelée par eux, d'un côté ou de l'autre de son orbite, elle a une propension continuelle à en sortir. Elle en sort en effet, passant à chaque instant de son mouvement d'un plan à un autre plan, comme, sous l'influence des forces que nous considérions tout-à-l'heure, elle passait à chaque instant d'une ellipse à une ellipse différente. Ainsi la ligne, déjà si complexe, de ses révolutions, au lieu d'être décrite dans un plan, est décrite sur une surface courbe, et dessine autour du soleil un des tourbillons les plus difficiles à définir que l'imagination soit en état de concevoir. On peut cependant en donner une idée élémentaire en disant que le plan de l'orbite varie d'abord en s'inclinant et en se relevant alternativement, puis en tournant sur lui-même d'occident en orient par un mouvement connexe. Cette variation est le principe d'une nouvelle révolution séculaire qu'il faut combiner avec la précédente pour arriver à la détermination de la grande année astronomique de la terre. En effet, pour que l'identité renaisse, il ne suffit pas que la terre revienne à des conditions identiques en ce qui concerne l'excentricité de l'orbite et la position du grand axe, car elle manque nécessairement la reprise de sa première trace, si elle se trouve à ce moment-là dans un plan différent de celui qui correspondait à l'accord dans la période précédente. L'orbite, après s'être déroulée, venant à s'enrouler de nouveau, s'enroule dès lors soit au-dessus, soit au-dessous, soit en arrière, soit en avant des points analogues appartenant aux enroulemens précédens, et dans la première spirale s'en entremêle ainsi une nouvelle, suivie par d'autres différentes encore, jusqu'à ce qu'enfin, les deux variations reprenant le même rapport qu'elles avaient déjà eu à quelque époque antérieure, l'identité renaisse. Voilà des périodes, composées chacune de plusieurs milliers de siècles, qu'il faut multiplier les unes par les autres pour trouver, par le calcul de leurs compensations, la valeur de l'année fondamentale de la terre. N'entrons pas plus avant dans ce dédale, et disons hardiment des millions de millénaires. La terre qui suit incessamment sa route dans ce cycle immense nous en fait connaître, par son mouvement actuel, les élémens, la théorie en déduit l'étendue et les caractères généraux de toute la période, et l'esprit contemple avec admiration la régularité de ces grandes heures. Mais à quelle distance de nous est le commencement du cycle? Avant que sa fin ne soit venue, quels changemens, soit la diminution de la force vive des astres de notre système, soit leur translation dans d'autres parties du ciel, auront-elles causés dans les orbites de la terre et des autres planètes? N'est-il pas évident que le seul fait du déplacement sidéral du soleil suffit pour que la terre ne puisse en aucun temps revenir exactement sur ses pas? Ainsi, tout est sans cesse nouveau dans l'univers; de même que rien n'y est simultanément pareil, rien non plus ne s'y recommence, et même pour une masse bornée dans ses dimensions, il y a, à cause de ses connexions illimitées avec le reste de l'univers, une diversité indéfinie de phénomènes et tout l'honneur du temps.

» La petitesse du diamètre de la terre, comparativement à la distance qui la sépare des planètes, même les plus prochaines, fait que son mouvement de rotation sur elle-même peut être regardé comme sensiblement indépendant des relations par lesquelles elle s'unit avec ces corps lointains. Il n'y a que le soleil, en vertu de sa masse, et la lune, en vertu de sa proximité, qui y aient une influence caractérisée par des effets considérables. Celui qui frappe

le plus l'observateur qui étudie les mouvemens de la terre
avec attention, est une sorte de balancement périodique
du corps même de l'astre. L'axe de rotation, au lieu de
demeurer parallèle à lui-même dans toutes les positions
de la planète, change d'un moment à l'autre de direction. Pour concevoir simplement cette variation, il suffit
d'arrêter un instant la terre, et de se figurer cet axe pivo-
tant autour du centre, de manière à prendre successivement
appui sur tous les points d'une circonférence tracée sur la
voûte idéale du ciel. Si le mouvement de la lune se faisait
dans le même plan que celui de la terre, et si les orbites de
ces deux astres étaient exactement circulaires, la circonférence en question serait celle d'un cercle parallèle au plan
des orbites, et d'environ 25° d'amplitude. Mais comme les
conditions sont différentes, le mouvement se complique, et
la circonférence, au lieu d'être uniformément circulaire, se
charge d'ondulations de divers ordres. Un premier système
d'ondulations, correspondant aux variations du plan de l'orbite lunaire, en supporte un second qui correspond aux
inégalités de la révolution de la terre, et qui lui-même en
supporte un troisième correspondant aux inégalités de la révolution de la lune. Telle est l'image de la courbe triplement
ondulée que les habitans de la terre doivent voir dessiner
dans le ciel par la suite des étoiles sur lesquelles se dirige successivement le pôle de leur planète. Ce pôle parcourt dans
l'espace d'un demi-mois lunaire chacune des ondulations
de troisième ordre, dans l'espace d'une demi-année chacune de celles du second, dans l'espace de dix-neuf ans
chacune de celles du premier, enfin dans vingt-cinq mille
ans environ la circonférence entière. Et il faut encore remarquer que, comme les ondulations extrêmes ne s'ajus-
tent pas exactement, l'axe, en recommençant une nouvelle
révolution, ne repasse pas par les mêmes points que dans
la révolution précédente. De sorte que les circonférences
successives, par suite de ce défaut de coïncidence, composent par leur ensemble un système indéfini d'ondulations
entrelacées. Ainsi le cycle déterminé par les variations de
l'axe de rotation n'a pas un caractère plus absolu que celui
qui se rapporte aux variations de l'orbite. Les vingt-cinq

mille ans de la période terminés, l'axe, en continuant à tournoyer, vient occuper des positions différentes de celles qu'il avait occupées auparavant, et ce n'est qu'après une série de révolutions, que toutes les différences se trouvant compensées, la courbe se referme, le pôle recommence à marcher sur la même suite d'étoiles, l'identité enfin reparaît. Cette variation introduit donc dans l'histoire de la terre un nouveau cycle séculaire, que la chronologie, pour arriver à un cycle absolument uniforme, devrait encore combiner avec celui qui a été précédemment indiqué ; et s'il y a, comme on peut le croire, incommensurabilité entre toutes ces grandeurs, voilà l'infini qui se témoigne.

» Nous venons d'indiquer les lois qui se déduisent des positions que l'on voit successivement occupées par la terre dans le ciel. Mais il reste à se demander quels sont les effets de ces changemens sur la planète considérée non plus dans ses situations astronomiques, mais en elle-même. En supposant ses habitans trop peu développés pour se rendre compte des mouvemens qu'elle accomplit, ses variations sont-elles le principe de phénomènes que ces êtres puissent vraisemblablement ressentir, et sont-ils ainsi liés au changement de place de l'astre sur lequel ils vivent, par un changement correspondant des conditions de leur existence ? Sans entrer dans la considération des influences qui peuvent découler des planètes, et même des étoiles, sur un astre particulier, selon sa situation à leur égard, et tout en laissant en cet endroit une part à l'inconnu, on est du moins en droit d'assurer que de toutes les influences célestes, celle qui doit naturellement avoir le plus d'empire sur la terre, l'influence solaire, change à la vérité ses effets selon les époques, mais dans des limites de variation très resserrées. D'où résulte ce principe remarquable que les années les plus différentes les unes des autres par leurs élémens astronomiques, sont cependant sensiblement identiques quant aux conditions les plus essentielles pour l'existence, savoir la proportion de chaleur et de lumière.

» La variation d'excentricité, est de toutes les variations de l'orbite celle qui est le plus capable d'affecter les habitans de la terre. La géométrie démontre que la quantité totale de

la chaleur que reçoit une planète dans chacune de ses révolutions autour du soleil, est en raison inverse de la grandeur du petit axe de l'orbite. L'état thermologique de la terre
serait donc soumis à des vicissitudes considérables si cette
grandeur variait beaucoup. Et comme il ne serait pas probable qu'un système d'organisation approprié aux années à
minimum de chaleur pût s'accommoder également des années à maximum, il faudrait penser que sur cette planète
la succession des êtres, réglée par des lois périodiques, ne
se développe pas à travers les siècles suivant un plan simple
et uniforme. Il est même sensible que si ce petit axe était
susceptible de diminuer au-delà d'un certain point, la terre,
à son périhélie, pourrait se trouver assez près du soleil pour
éprouver un degré de chaleur incompatible avec la conservation d'aucun type vivant, ou au moins d'aucun type en
harmonie avec la température de la planète à l'aphélie. La
population devrait donc changer radicalement de caractère à
chaque retour des inégalités extrêmes, non seulement de la
période séculaire, mais de la période annuelle. Le créateur
n'a pas voulu que l'histoire générale de la terre fût aussi
composée. Les changemens d'excentricité de l'orbite ont été
contenus dans de justes limites, et, grâce à la chaleur des
étoiles, entre les années à maximum de chaleur et les
années à minimum, il n'y a qu'une différence médiocre.
L'excentricité, qui est actuellement dans la période de
diminution, ne varie que de 0 00004 par siècle, tellement
qu'il faudra environ 75 siècles pour que cette grandeur, qui
est à présent de 562 fois le rayon de la terre s'amoindrisse
d'une unité, c'est-à-dire pour que la terre, à son périhélie,
soit plus éloignée du soleil qu'elle ne l'est maintenant au
même point, d'à peu près un demi dix-millième. Cet intervalle de temps, même décuplé, n'apportera donc aucun changement sensible à l'état thermométrique de la terre, du moins
en ce qui dépend du principe en question. Mais quelle que
soit la lenteur de la variation, il n'en est pas moins certain, en thèse absolue, que la chaleur solaire décroît sur la
terre depuis une haute antiquité, et qu'elle doit continuer
à y décroître encore durant une longue suite de siècles.

» La variation d'inclinaison du plan de l'orbite porte à la

fois, comme la précédente, sur la somme de chaleur annuellement perçue, et sur sa répartition dans les divers lieux selon les divers temps de l'année. C'est l'inclinaison de ce plan sur celui dans lequel la rotation s'opère qui est cause des inégales durées du jour et de la nuit ; ce sont ces inégalités de durée qui causent les inégalités de la chaleur diurne ; enfin ce sont celles-ci qui sont la principale cause des inégalités des saisons. Ainsi les inégalités des saisons sont, à cet égard, en proportion de l'inclinaison du plan de l'orbite sur le plan de l'équateur. Une partie essentielle de la question des climats est dans cette variation. Si l'on suppose le plan de l'orbite perpendiculaire à celui de l'équateur, le régime excessif des régions polaires devient commun à toute la terre ; le soleil, en été, est à la hauteur du pôle, et cesse par conséquent de se coucher pour tout l'hémisphère dans lequel règne cette saison, tandis qu'il cesse de se lever pour tout l'hémisphère opposé qui est alors en hiver. Si l'on suppose le plan de l'orbite confondu avec celui de l'équateur, le régime tempéré prend au contraire naissance ; les jours deviennent égaux aux nuits, sur toute la terre, durant toute l'année ; l'été cesse d'exister comme l'hiver, et la température du printemps s'établit à demeure en chaque lieu dans la mesure de la distance de l'équateur. La variation de l'inclinaison des deux plans pourrait donc, si elle se développait assez, produire dans la population de la terre d'assez grands changemens. Mais de même que la variation d'excentricité, elle est non seulement très lente, mais très bornée, la plus grande valeur de l'inclinaison ne différant de la plus petite que de moins de 3°. Les régions polaires qui, moyennement, occupent à peu près un douzième de la surface de la planète, et les régions tropicales qui, moyennement aussi, en occupent à peu près deux cinquièmes, sont donc susceptibles, en vertu de ce changement, de varier, les premières d'environ un quart, et les secondes d'environ un dixième de leur étendue moyenne. En ce moment, et depuis une haute antiquité, l'écliptique tend à se rapprocher de l'équateur, et par conséquent les inégalités du jour et de la nuit s'amoindrissent, les différences des saisons diminuent, les

tropiques se rapprochent de l'équateur, et les cercles polaires remontent vers les pôles. Mais ce progrès est d'une
excessive lenteur, et l'on peut calculer que, dans un
siècle, les régions tempérées n'auront vu diminuer leurs
plus longs jours et leurs plus longues nuits que de quelques secondes seulement. Et avant que la somme de ces
diminutions n'ait eu le temps d'atteindre une valeur efficace,
la variation, parvenue à son terme, reprendra son cours
en sens contraire. Quant au changement dans la somme
annuelle de chaleur déterminée par cette même variation, il n'est pas plus difficile de reconnaître qu'il est
également d'une étendue très bornée. Il dépend uniquement de ce qu'en raison de l'ellipticité, sa section équatoriale de la terre étant plus grande que sa section méridienne, la quantité de chaleur annuellement reçue augmente à mesure que la section moyenne présentée par la
terre au soleil se rapproche davantage de l'équateur. Donc,
en ce moment, la chaleur annuelle tend à diminuer par
l'effet de la variation de l'écliptique de même que par celui
de la variation de l'excentricité. Mais comme l'ellipticité
du sphéroïde n'a qu'une petite valeur, et qu'en outre la
variation totale de l'inclinaison n'est que peu de chose, on
doit aisément juger que ce changement thermométrique est
incapable d'avoir jamais une influence considérable sur la
terre.

» La révolution de l'axe du globe a pour effet immédiat de
causer une révolution correspondante dans la direction du
plan de l'équateur, et par conséquent d'imprimer un mouvement de rotation à la ligne des équinoxes qui est la parallèle
à l'intersection de ce plan avec celui de l'orbite. Ainsi les
points qui correspondent à l'établissement de l'équinoxe sur
la terre, au lieu d'avoir sur l'orbite une position fixe, s'y dé-
placent continuellement de l'est à l'ouest par un mouvement
lié à celui de l'axe du globe, et comme leur mouvement
se combine avec le mouvement contraire du grand axe de
l'orbite, ils font le tour complet de cette courbe dans une
période d'à peu près 20 000 ans. Tous les dix mille ans environ, les points d'équinoxe venant, par suite de cette variation, se placer sur le rayon vecteur perpendiculaire au grand

axe de l'orbite, la terre arrive à sa plus grande proximité du soleil au milieu de la saison chaude pour l'un des hémisphères, et au milieu de la froide pour l'hémisphère opposé. Donc l'été doit devenir plus ardent que dans les circonstances moyennes pour l'hémisphère dans lequel règne cette saison à l'instant du périhélie. Et comme réciproquement cet hémisphère est alors au plus grand éloignement du soleil pendant l'hiver, cette saison doit naturellement avoir une température d'autant moins élevée que l'autre en a une qui l'est davantage. Le contraire a lieu dans l'hémisphère opposé, puisque l'inversion de ses rapports avec le soleil est cause que les jours d'hiver y sont plus chauds, et ceux d'été plus froids. Ainsi, quand les points d'équinoxes sont dans la position en question, les saisons tendent au contraste dans un des hémisphères et à l'égalité dans l'autre, de sorte que chaque hémisphère passe alternativement tous les dix mille ans de l'un à l'autre de ces régimes divers. Bien que la somme totale de chaleur reçue par la terre dans chaque saison ne dépende pas de cette variation, puisque, par l'effet de la différence des vitesses de la planète dans les différentes parties de son orbite, les saisons, lorsque le rayonnement du soleil y est plus intense, ont moins de durée que quand il l'est moins, et précisément dans la mesure convenable pour que la compensation soit exacte, cependant il est incontestable qu'il peut résulter de là de très grands changemens dans les conditions auxquelles chaque hémisphère se trouve alternativement soumis. Présentement les équinoxes sont très peu distans de la position dans laquelle la différence des régimes des deux hémisphères est à son comble, et l'hémisphère boréal est celui qui est placé dans la période où le caractère des saisons se modère. Ainsi, d'année en année, le contraste de l'hiver et de l'été y diminue, et il résulte de la position actuelle des équinoxes que cette diminution doit s'y poursuivre encore pendant une certaine suite de siècles, après quoi, cet effet s'interrompant, les saisons commenceront à devenir de plus en plus distinctes jusqu'à la fin de la période de dix mille ans, où, parvenues à leur plus grande inégalité, elles reprendront de nouveau la variation inverse. Il ne paraît pas douteux que cette variation ne doive avoir une influence sensible sur la terre, surtout dans l'hémisphère boréal, où il y a proportionnellement plus de terre que dans l'autre, et où la variation de l'inclinaison de l'écliptique, dans sa tendance actuelle s'accorde précisément avec celle-ci pour tempérer les saisons. Ainsi, il est à croire que les étés, il y a six ou sept mille ans, y étaient plus chauds qu'à présent, tandis que les hivers y étaient au contraire plus froids (1).

(1) Comme je me trouve conduit à contredire expressément une proposition de MM. Herschel et Arago, mon respect pour ces astronomes me fait un devoir de ne point passer outre sans me justifier.

M. Herschel, dans le cinquième chapitre de son Traité d'astronomie, après avoir expliqué comment, par la compensation qui se fait entre les accroissemens instantanés de la radiation du soleil et ceux de sa longitude, les quantités de chaleur envoyées par le soleil à la terre sont égales pendant le parcours des mêmes quantités angulaires dans une partie quelconque de l'orbite, et par conséquent indépendantes de tout rapport entre les équinoxes et le périhélie, passe de là au sujet des saisons. Il conclut avec raison que la quantité totale de chaleur reçue, pendant la saison chaude, dans l'hémisphère boréal, est la même que celle qui est reçue, pendant cette même saison, dans l'hémisphère austral, bien que cette partie de l'année corresponde aujourd'hui dans l'hémisphère boréal au plus grand éloignement du soleil, et dans l'hémisphère austral, à sa plus grande proximité. Mais, supposant que la compensation s'étend au caractère thermologique des saisons, après avoir rapporté la différence notable qui existe entre les distances du soleil à l'aphélie et au périhélie, il ajoute en propres termes : « So that, were it not for the compensation we have just described, the effect would be to exaggerate the difference of summer and winter in the southern hemisphere, and to moderate in the northern; thus producing a more violent alternation of climate in the one hemisphere, and an approach the perpetual spring in the other. As it is, however, no such inequality subsists, but an equal and impartial distribution of heat and light is accorded to both. (*Treatise on astronomy*, p. 199.) »

Il est aisé de voir que cette conclusion n'est pas juste. Ce qui détermine le caractère d'une saison n'est pas simplement la quantité totale de chaleur reçue pendant la durée de cette saison, mais la quantité de chaleur reçue chaque jour. Si donc deux saisons, auxquelles correspondent des quantités égales de chaleur, renferment des nombres de jours inégaux, il est évident que la quantité de chaleur reçue chaque jour sera plus grande dans la saison qui a le moins de jours que dans l'autre. Ainsi, la température diurne

Enfin la variation de l'axe de rotation, outre son action sur les rapports de la terre avec le soleil, en a une autre

sera moyennement plus élevée dans cette saison que dans l'autre, la compensation générale entre les sommes de chaleur des deux saisons étant même justement fondée sur ce que, dans celle où les jours sont le moins nombreux, ils sont aussi le plus chauds, et réciproquement. Par conséquent, en considérant en particulier ce qui a lieu aujourd'hui sur la terre, puisque la saison chaude dans l'hémisphère boréal est plus longue d'environ huit jours que la saison chaude dans l'hémisphère austral, et que les quantités totales de chaleur sont cependant les mêmes de part et d'autre, il faut en conclure que l'hémisphère boréal, lorsqu'il est dans cette saison, reçoit chaque jour moins de chaleur que n'en reçoit l'hémisphère austral lorsqu'il y est à son tour, et précisément dans la proportion de ces huit jours de différence. Quand il s'est écoulé, dans l'hémisphere boréal, autant de jours de la saison chaude que cette saison en renferme en tout dans l'hémisphère austral, le premier hémisphère n'a pas encore reçu autant de chaleur qu'en avait reçu l'autre dans le même temps : donc, évidemment, la saison ne peut pas y avoir été aussi chaude. Pour la saison froide, c'est l'inverse. Ainsi, malgré la compensation astronomique, l'effet de la position actuelle des équinoxes est bien d'exagérer la différence de l'été et de l'hiver dans l'hémisphère sud, et de la modérer dans l'hémisphère nord.

Cette proposition prend encore plus d'évidence si, au lieu de la rapporter à l'orbite présente dont l'excentricité n'a qu'une petite valeur, on la rapporte à une orbite très allongée, et, pour aller de suite à l'extrême, à celle d'une comète. Que l'on suppose, dans cette hypothèse, que le périhélie tombe au milieu de l'été pour l'un des hémisphères ; l'autre, par inversion, au milieu de son été, se trouvera à l'aphélie. Dans le premier, l'été ne durera que quelques jours ; mais le soleil, à cause de sa proximité, remplissant tout le ciel, la chaleur y sera d'une excessive violence. Dans l'autre, l'été sera d'une longueur incomparablement plus grande ; mais le soleil, à cause de son éloignement, ne paraissant plus qu'une étoile, la chaleur sera tellement faible, que cet été se transformera en un véritable hiver. Cependant la quantité de chaleur reçue chaque jour, multipliée par le nombre des jours de chaque saison, donnera des deux côtés la même somme, et la compensation voulue par le théorème de Lambert sera parfaite.

Il me semble d'autant plus étonnant que cette faute d'inadvertance ait échappé à M. Herschel, que, dans un Mémoire inséré dans les Transactions géologiques de Londres pour 1832, cet astronome, considérant les effets thermologiques de l'accroissement de l'excen-

toute particulière sur les relations de la terre avec le système sidéral ; car il en résulte que les diverses zones de la

tricité de l'orbite terrestre, a fort bien vu qu'à la limite, cette excentricité ne peut manquer d'avoir de l'influence sur le caractère des saisons. En effet, partant de l'hypothèse que cette excentricité soit destinée à devenir égale à celle de l'orbite de Pallas ou de Junon, il se trouve conduit par le calcul à reconnaître que, dans ce cas, les puissances de radiation du soleil au périhélie et à l'aphélie, seraient entre elles dans le rapport de 25 à 9 ; c'est à-dire que l'hémisphère dont l'été tomberait au périhélie, aurait, dans cette saison, un soleil d'une étendue apparente environ trois fois plus grande que celui qui régnerait en été dans l'hémisphère où cette même saison tomberait à l'aphélie. Devant un phénomène aussi frappant, il n'hésite point à conclure que l'été sera plus chaud dans un des hémisphères que dans l'autre. Mais tout en appuyant sur cette conclusion, il semble cependant qu'il entende faire de l'inégalité climatérique des deux hémisphères la condition d'une variation ultérieure de l'excentricité. « Here, if I mistake not, ajoute-t-il en terminant, it will appear that an amount of variation which we need not hesitate to admit (at beast provisionally) as a possible one, may be productive of considerable diversity of climate, and may operate during greats periods of time either to mitigate or to exaggerate the difference of winter and summer temperatures, so as to produce alternately in the same latitude of either hemisphere a perpetual spring, or the extremes vicissitudes of a burning summer and a rigorous winter. (*Geol. trans* , t. III, p. 298.) » Mais il est incontestable que si l'excentricité peut produire un pareil effet sur les climats, quand sa variation séculaire lui fait prendre une valeur considérable, elle le produit également, dans une mesure proportionnée, pourvu qu'elle ait une valeur quelconque. Cet effet ne commence point à se développer quand la valeur en question a dépassé une certaine limite ; il se développe immédiatement dès que la valeur est supérieure à o. Il se témoigne donc, sans aucun doute, dans le temps présent, où cette valeur étant o.016 du demi-grand axe, il y a entre les puissances de radiation du soleil, au périhélie et à l'aphélie, une différence de près d'un quinzième.

M. Arago ayant eu à traiter cette question dans une de ses notices de l'*Annuaire du bureau des longitudes*, à propos de la variation des climats, a donné dans le sentiment de M. Herschel. Après avoir rapporté qu'un jour le périhélie arrivera en juillet et l'aphélie en janvier, il ajoute : « Ici se présente donc cette question intéressante : un été, tel que celui de notre époque, qui correspond au minimum de la distance solaire, doit-il différer sensiblement d'un été avec lequel le maximum de cette distance coïnciderait ?

planète, suivant la direction que prend la ligne des pôles,
se trouvent exposées au rayonnement tantôt d'une certaine

Au premier coup d'œil, je crois, tout le monde répondrait affirma-
tivement, car entre le maximum et le minimum de distance du
soleil à la terre, il y a une différence notable, une différence en
rond du trentième du total. Introduisons cependant dans le problème la considération des vitesses qui ne pourrait être legitimement
négligée, et la solution sera l'opposé de ce que nous pensions d'a-
bord. » Puis la différence des vitesses expliquée. « En résumé, dit-
il, l'hypothèse que nous venons d'adopter donnerait, à raison d'un
moindre éloignement, un printemps et un été plus chauds qu'ils
ne le sont aujourd'hui ; à raison d'une plus grande vitesse, deux
saisons en somme plus courtes d'environ sept jours. Eh bien ! tout
compte fait, la compensation est mathématiquement exacte. » Et
brusquant, comme M. Herschel, le cours du raisonnement. « Nous
venons de reconnaître, dit-il, que les changemens qui s'opèrent
dans la position de l'orbite solaire n'ont pas pu modifier les climats
terrestres. »

Ce problème est assez important pour mériter d'être traité avec
précision On nous permettra donc d'y revenir avec une methode plus
rigoureuse que celle dont nous venons de nous servir tout-à-l'heure.

M. Poisson, dans son mémoire *Sur la stabilité du système
pla nétaire*, a fait voir que le théorème de Lambert cesse d'être
vrai lorsqu'on tient compte de la non-sphéricité de la terre.
La quantité de chaleur reçue par cet astre pendant une partie
quelconque de l'année n'est point exactement proportionnelle à
l'angle décrit dans cet intervalle de temps par le rayon vecteur du
soleil. Elle varie suivant l expression suivante :

$$u = \frac{k}{\sqrt{a(1-e^2)}} \left\{ \left[1 + h\left(\frac{1}{3} - \frac{1}{3} sin^2\omega\right) \right] v + \frac{1}{4} h \, sin^2 \omega \, sin \, 2v \right\}$$

dans laquelle k représente une constante relative à la chaleur propre
du soleil et au volume de la terre; h, l'aplatissement; ω, l'obliquité
de l'écliptique; v la longitude du soleil dans le plan de l'écliptique
mobile à partir de l'équinoxe de printemps; a, le demi grand axe
de l'orbite; e, l'excentricité.

En combinant cette formule avec celle du mouvement elliptique
de la terre, on pourrait en déduire sans difficulté, l'expression
générale de la quantité instantanée de chaleur reçue par la terre à
chaque époque de l'année. Mais cette expression délicate n'est pas
nécessaire pour le but particulier que nous poursuivons. Il suffit que
nous soyons en état de comparer entre elles les moyennes instantanées de chaleur correspondant à l'intervalle de l'équinoxe de prin-

région du ciel, et tantôt d'une région sensiblement différente. Mais quelle est l'influence des étoiles sur les êtres qui

temps à l'équinoxe d'automne, et à celui de l'équinoxe d'automne
à l'équinoxe du printemps. Or, pour cela, il est évident qu'il n'y a
qu'à diviser la somme totale de chaleur reçue dans chacun de ces intervalles par la durée de chacun : ce qui simplifie beaucoup la question.

En effet, comme $sin\ 2v$ devient nul toutes les fois que v est
multiple de $\frac{1}{2}\pi$, le second terme s'évanouit de l'expression ci-
dessus, et par suite, nonobstant la non-sphéricité, les quantités totales de chaleur reçues dans les deux intervalles susdits sont les mêmes. Les quantités instantanées moyennes correspondant à chaque
intervalle sont donc simplement en raison inverse des durées. Or,
d'après le principe des aires, ces durées sont proportionnelles aux
surfaces parcourues par le rayon vecteur du soleil dans chacune
des deux portions de l'orbite. Le problème est donc ramené à la
recherche du rapport entre les deux segmens d'ellipse donnés par
une droite qui passe par un des foyers de la courbe. Or, si l'on dé-
signe par δ l'angle formé par cette droite avec le grand axe de
l'ellipse, il n'est pas difficile de découvrir que l'un des segmens
elliptiques a pour expression :

$$a^2\sqrt{1-e^2}\left[arc\left(sin=\sqrt{\frac{1-e^2}{1-e^2cos^2\delta}}\right)-\frac{e\,sin\,\delta\,\sqrt{1-e^2}}{1-e^2\,cos^2\,\delta}\right]$$

et l'autre :

$$a^2\sqrt{1-e^2}\left[\pi-arc\left(sin=\sqrt{\frac{1-e^2}{1-e^2cos^2\delta}}\right)+\frac{e\,sin\,\delta\,\sqrt{1-e^2}}{1-e^2\,cos^2\,\delta}\right]$$

Voilà les quantités dont le rapport représente celui des températures moyennes des saisons de même nom, dans les hémisphères
opposés, ou, dans le même hémisphère, à deux époques séparées
par un intervalle égal à la demi-révolution de la ligne des apsides.
On voit déjà que ce rapport diffère nécessairement de l'unité tant
que δ à une valeur, c'est-à-dire tant que la ligne des apsides ne
coïncide pas avec le grand axe. En simplifiant les expressions par
le développement des fonctions de δ, et par l'omission des hautes
puissances de e, comme il est permis de le faire dans le cas particulier de l'orbite terrestre dont l'excentricité a toujours une petite valeur, les seconds facteurs se réduisent à

$$\frac{\pi}{2}-2\,e\,sin\,\delta+\frac{1}{3}\,e^3\,sin\,\delta\,(1-4\,cos^2\,\delta),$$

$$\frac{\pi}{2}+2\,e\,sin\,\delta-\frac{1}{3}\,e^3\,sin\,\delta\,(1-4\,cos^2\,\delta)$$

vivent sur la terre? Ont-elles même sur eux une influence quelconque? C'est ce que ces êtres eux-mêmes ignorent peut-être encore.

expressions plus faciles à comprendre. L'une représente, du moins par un rapport proportionnel, la température moyenne de la saison qui correspond à l'aphélie; l'autre, celle de la saison de même nom qui correspond au périhélie. Plus δ augmente, plus la seconde expression l'emporte sur la première, plus il y a de différence entre les mêmes saisons dans les deux hémisphères. Quand δ est égal à $\frac{1}{2}\pi$, c'est-à-dire quand la ligne des apsides est perpendiculaire au grand axe, la différence est au maximum. Enfin, continuant à croître, le sinus diminue et les mêmes différences se reproduisent entre les deux hémisphères, en diminuant progressivement, jusqu'à ce que δ étant égal à π, elles deviennent nulles. Au-delà, il est clair que tout se répète de la même manière, mais que les valeurs du sinus changeant de signe, les deux hémisphères changent de rôles.

On voit aussi par ces expressions, avec quelle simplicité, du moins quand on consent à négliger le cube de e, la différence des climats dans les deux hémisphères se développe ou s'amoindrit en raison de l'excentricité de l'orbite. Il en résulte que cette variation suit sensiblement la même marche que celle qui dépend du sinus de l'inclinaison de la ligne des apsides sur le grand axe : ce qui est assez remarquable.

Quant à la chaleur instantanée moyenne de chaque saison, on l'obtiendrait en divisant dans le rapport de l'aire moyenne soumise à la radiation solaire dans l'un des hémisphères pendant la saison froide, dans l'autre pendant la saison chaude, l'expression suivante :

$$\frac{k\left[1+h\left(\frac{1}{3}-\frac{1}{2}\sin^2\omega\right)\right]}{t\sqrt{a(1-e^2)}\left(\frac{1}{2}\pi-2e\sin\delta\right)}$$

qui est la chaleur instantanée moyenne reçue par toute la terre dans l'intervalle d'un équinoxe à l'autre, et dans laquelle j'ai représenté par t la durée de la période annuelle.

On tire de là l'équation qu'il faut résoudre pour déterminer les valeurs de e par lesquelles la température moyenne de l'hiver, dans l'un des hémisphères, devient égale ou même supérieure à la température de l'été dans l'hémisphère opposé. Ce sont des cas qui paraissent devoir se présenter communément dans les années des comètes.

En résumé, il faut donc donner à la climatologie cette règle générale : que les étés les plus courts sont les plus chauds, les hivers les plus longs les plus froids, et réciproquement. A quoi il faut

» Ainsi, en supposant toutefois, ce qui n'est qu'approximativement exact, qu'il n'y ait aucune différence dans l'action calorifique du soleil à l'égard de la terre, en raison de

joindre : que l'hémisphère qui a les étés courts a les hivers longs, et réciproquement.

Toutefois, la solution complète du problème exigerait que l'on tînt compte de la manière dont se comportent, à l'égard de la chaleur solaire, les deux hémisphères, en raison de leur composition différente en terre et en eau, et plus généralement encore de toutes leurs inégalités géographiques. Aussi est-il plus facile de comparer théoriquement les saisons du régime excessif et du régime modéré dans le même hémisphère que dans les hémisphères opposés. Cependant, cette question même renferme un principe de complication dont nous n'avons point tenu compte ; c'est que la température d'une saison n'est pas seulement déterminée par la chaleur instantanément envoyée à la terre par le soleil, mais aussi par l'état thermométrique de la terre elle-même. De sorte que, dans un été très long, bien que modéré, l'enveloppe de la planète s'élevant continuellement au-dessus de la température moyenne, à cause de la chaleur qu'elle accumule, tend à augmenter la température naturelle de la saison ; tandis que dans un hiver très long, s'abaissant graduellement au-dessous de la température moyenne, elle tend au contraire à diminuer la température naturelle. Ainsi, il est nécessaire, pour ne rien omettre, d'introduire dans la loi de la variation des saisons, une correction d'une forme très délicate, qui tend à balancer l'efficacité de cette variation relativement aux étés, et à la renforcer au contraire relativement aux hivers. Elle dépend du rapport composé qui lie chacun des états instantanés de la terre avec ses états antérieurs.

Enfin, pour tirer parti de ces formules, il serait nécessaire de connaître au moins une valeur de la moyenne instantanée de chaleur envoyée par le soleil à la terre durant ce que j'ai nommé la saison chaude et la saison froide, c'est-à-dire d'un équinoxe à l'équinoxe suivant. Malheureusement, c'est ce que les physiciens ignorent encore. On n'est en état, jusqu'à présent, de rapporter les températures qu'à des zéros de convention, et l'on ne connaît ni le zéro absolu, correspondant à l'évanouissement de toute chaleur, ni même, parmi les zéros relatifs, celui qui correspond à l'évanouissement de toute chaleur solaire et terrestre, c'est-à-dire à la température propre de cet endroit-ci de l'univers. M. Fourier avait à la vérité proposé de regarder ce dernier zéro, comme égal à 60° au-dessous du zéro de la glace fondante. Mais cette évaluation a été généralement considérée, et, à ce qu'il semble, avec raison, comme trop faible. M. Herschel,

la nature des diverses parties qui s'y trouvent exposées dans
les mêmes circonstances astronomiques, on peut établir en
principe que la variation de l'excentricité et la variation de

en particulier, en cherchant à déterminer par des considérations
photométriques la valeur de la température sidérale, n'a pas craint
d'exprimer la possibilité que cette température fût de — 1000°,
même de — 3000. Cela dit assez que la question est tout-à-fait
incertaine. Les formules ci-dessus, bien que ne pouvant y jeter
qu'un demi-jour, sont donc, à cet égard, en attendant mieux, de
quelque intérêt La moyenne température diurne de Paris, de l'é-
quinoxe de printemps à l'équinoxe d'automne, est de $+ 16°$. Or,
si l'on suppose que la température sidérale soit de — 1000°, on
verra en introduisant cette valeur dans les formules, δ y étant de 99°,
valeur actuelle de cette inclinaison, que la température moyenne
de la saison chaude à Paris, quand le périhélie coïncidait avec le
solstice d'été, aurait été de 120° au-dessus de la glace fondante.
Rien n'est plus clair que la fausseté de ce résultat, puisque s'il
était vrai, l'Europe n'aurait même pas été habitable au temps de
l'empire romain. La valeur de la température sidérale doit donc être
cherchée, comme l'a fait M. Fourier, beaucoup plus haut. En l'éva-
luant à — 200°, on trouve que les températures moyennes de la
saison chaude et de la saison froide de Paris, à cette même époque,
auraient été, l'une, supérieure de 9°, et l'autre, inférieure de 10° a
la valeur qu'elles possèdent aujourd'hui. Enfin, en la mettant à
—100°, ce qui semble la plus forte valeur que l'on soit en droit de
proposer, les formules démontrent que la température moyenne, dans
les mêmes circonstances, était, pour la saison chaude, de 20°, 75,
et pour la saison froide, de 0°, 87. Ce qui représente d'un côté
un excès de près de 5°, et, de l'autre, une diminution de près de
4°, sur l'état actuel. Ainsi, on ne peut douter qu'il n'y ait une différence considérable entre le climat qui règne aujourd'hui en Europe
et celui qui y regnait il y a sept mille ans. En effet, si une différence
notable se montre dans les moyennes, la supériorité serait bien
plus sensible encore dans les maxima et dans les minima. L'excès
de température des jours d'été aux environs du solstice, à cette
époque, sur les jours analogues du temps présent, pouvait aller
jusqu'à 8°, et à l'inverse, pour les jours d'hiver. C'est un changement complet de climat. Comme il ne s'est effectué que peu à peu,
l'état physique actuel de l'Europe doit nécessairement différer, par
des traits appréciables, de son état physique dans les siècles antérieurs. Il y a donc là une raison suffisante pour expliquer comment,
au temps d'Hérodote, la chaleur était trop forte en Egypte pour la
culture de la vigne; comment, au temps de Virgile, les rivières
gelaient durant l'hiver en Calabre; comment au moyen âge, on

l'inclinaison de l'écliptique sur l'équateur, affectent toutes
deux la somme de chaleur que reçoit annuellement la terre ;
que la première, en se combinant avec la variation des équi-

récoltait du vin dans les provinces septentrionales de la France et
même en Angleterre ; enfin, comment une multitude de témoignages
attestent que, de siècle en siècle, dans notre hémisphère, les
hivers deviennent moins froids et les étés moins chauds. Les témoignages dans l'hemisphère austral, s'il était mieux et plus anciennement connu, seraient contraires. Il n'est pas douteux que des
causes locales, telles que le défrichement, n'aient pu, en certains
lieux, avoir quelque influence sur le caractère des saisons. Mais
ces causes accidentelles se taisent devant les grandes causes astronomiques dont nous parlons, et dont l'efficacité est évidente.
J'ajoute que les mêmes raisonnemens établissent que le climat de
l'Europe, dans la période actuelle, possède une sorte de fixité
sur ce point, et que, d'ici à trois mille ans, les étés, en partant
de la valeur de — 100° pour la température sidérale, n'auront
baissé que d'environ 0°.10, tandis que les hivers ne se seront
élevés que de 0°,06.

Il est fâcheux que la science n'ait point dans ses annales d'observations thermometriques séparées de l'époque présente par un
intervalle d'un certain nombre de siècles. En introduisant dans
les formules la correction relative à la température variable de
l'enveloppe de la terre, on parviendrait à déterminer, au moyen
de ces observations, la valeur exacte de la température de l'espace, aussi bien que celle du caractère particulier des saisons, à
chaque époque des temps passés et futurs. Il est, en effet, facile de
reconnaître que la température sidérale est donnée par la formule
très simple :

$$\frac{\frac{\pi}{2}\,(\theta'-\theta) + 2\,e\,(\theta'\,\sin\delta - \theta\,\sin\delta')}{2\,e\,(\sin\delta\,\sin\delta')}$$

dans laquelle θ et θ' représentent les températures moyennes rap-
portées au zéro ordinaire, qui correspondent aux valeurs δ et δ' de
l'inclinaison de la ligne des apsides sur le grand axe. Dans cette
regrettable pénurie d'observations, il y aurait peut-être de l'intérêt
à essayer le calcul sur les observations de l'Académie *del Cimento*
publiées par M. Libri. Comme ces observations auront bientôt deux
siècles d'ancienneté, il est probable que l'on en déduirait au moins
une valeur approximative des divers élémens dont il vient d'être
question.

Je pense que l'on me pardonnera cette longue note d'autant

noxes, influe sur la durée et le caractère thermologique des saisons ; que la seconde, en se combinant avec cette même variation, influe à la fois et sur ces deux élémens et sur les inégalités du jour et de la nuit. En résumé, il ne paraît pas qu'aucune de ces variations soit capable de produire un effet considérable sur les habitans de la terre. La terre, comme tous les autres élémens de l'univers, change donc continuellement le système de ses relations ; et cependant sa variabilité n'empêche pas qu'elle ne puisse offrir, du moins quant aux influences qui proviennent de l'extérieur, des conditions d'existence sensiblement identiques à la série des êtres qui viennent y vivre. Cette particularité est le principe fondamental de la simplicité de cette résidence, et l'un des traits essentiels de sa création. Il y a sans doute des mondes dont le calendrier ne jouit pas d'autant d'uniformité, et dont les années sont sensiblement différentes par leurs caractères physiques et leur durée, selon les temps. Il est vraisemblable aussi que la nature de leurs habitans doit se trouver en harmonie avec cette complexité. Nous-mêmes, n'obéissons-nous pas aux lois d'un calendrier plus composé que celui de la terre? Il y a donc quelque probabilité que l'on vive sur la terre plus simplement que parmi nous. Les années n'y durent qu'un instant, n'ont que des vicissitudes de peu de valeur et peu nombreuses, et n'éprouvent presque aucun changement d'une extrémité à l'autre des plus longues suites chronologiques. Quant au fondement de cette uniformité, comme il dérive de la constitution même de tout le système planétaire, il est nécessairement commun, dans une certaine mesure, à tous les astres qui en font partie. S'il y avait une seule planète dont l'orbite fût très excentrique, ou inclinée sur les autres d'un angle considérable,

plus volontiers, que le sujet a par lui-même une haute importance, tant pour l'histoire que pour la botanique et la zoologie ; que l'opinion publique était en danger d'y tomber dans l'erreur ; enfin qu'une addition était ici nécessaire, puisque moi-même, dans un autre article de cet ouvrage (CHALEUR TERRESTRE , séduit par les autorités que je viens de combattre, sans méconnaître, il est vrai, la réalité de cette variation, je ne lui avais cependant pas donné toute l'importance qu'elle mérite.

non seulement il se manifesterait dans son mouvement des anomalies considérables, mais elle en occasionnerait d'analogues dans les mouvemens de toutes ses associées. C'est donc à la petitesse de l'excentricité originaire des orbites et de leur inclinaison mutuelle, en même temps qu'aux rapports établis entre ces astres en ce qui concerne leurs distances, leurs masses et leurs dimensions, qu'il faut attribuer le peu d'étendue des variations que le tableau de leurs révolutions nous présente. En effet, pour que le règne du soleil pût s'établir sur leur ensemble avec le degré de puissance propre au maintien d'une constance générale dans leurs relations avec lui, les conditions géométriquement nécessaires, ainsi qu'il est aisé de le reconnaître, étaient la faiblesse des masses des planètes comparativement à la sienne, la faiblesse de leurs dimensions comparativement à leurs distances mutuelles, enfin une sorte d'égalité dans leurs établissemens ; comme dans une bonne république, où la permanence de l'ordre exige que les sujets ne soient ni trop puissans à l'égard du souverain, ni trop libres de faire les uns avec les autres des sociétés particulières, ni dans des états d'existence trop excentriques. Réciproquement aussi, c'est donc dans les conditions mécaniques du maintien de l'uniformité des années, et en même temps dans celles des changemens séculaires dont la convenance se découvrirait sans doute dans l'histoire des populations qu'ils affectent, qu'il faudrait chercher, par un calcul direct, la valeur des élémens constituans de notre système planétaire. Tel est l'ordre élevé de considérations dans lequel il faudrait pouvoir entrer pour déterminer *à priori* la distance de la terre au soleil et aux diverses planètes, ses dimensions, ses deux mouvemens, sa densité. Mais contentons-nous ici, ne pouvant nous élever plus haut, de contempler la sagesse de la création, sinon dans ses secrets, du moins dans la beauté de ses résultats, et admirons ces astres qui semblaient d'abord condamnés à demeurer indifférens à l'égard de la terre, et qui, en définitive, par la combinaison de leurs influences soutenues dans la suite des siècles, lui font accomplir, à travers les espaces célestes, des évolutions si compliquées dans leurs enchaînemens, si régulières dans leurs lois, si majestueuses dans leur immensité.

» Il en est de la figure de la terre comme de celle de la plupart des planètes : on remonte à l'origine même de l'astre en remontant aux circonstances desquelles cette figure a pu naître. Elle est comme une expression géométrique d'où l'on déduit avec une suffisante apparence de certitude que la masse planétaire n'est que le résultat de la condensation de quelque tourbillon de matière cosmique. Pour connaître que cette condensation a dû s'opérer graduellement, par une convergence régulière et tranquille, il n'est pas même besoin de mettre le pied sur la terre afin d'étudier de plus près sa construction, et l'observation des mouvemens de la lune suffit pour démontrer que le corps de l'astre est formé de couches concentriques dont la densité augmente de la surface au centre, soit que ces couches aient une nature différente, soit que cette augmentation de densité soit simplement l'effet de la pression qu'elles subissent. Cette forme générale convient également à l'état définitif d'un tourbillon animé d'une force vive de rotation égale à celle de la terre, et dont les poussières se rapprochent peu à peu pour se consolider, et à l'équilibre d'une masse liquide tournant dans les mêmes conditions autour d'un axe. Il est donc difficile de décider sur cette seule considération si cet astre, qui, dans l'acte de sa condensation, a dû, selon toute probabilité, acquérir une température très élevée, a jamais été tout entier liquide, ou s'il ne l'a été que dans quelques unes de ses parties, ou moins réfractaires que les autres, ou soumises accidentellement, par l'effet des combinaisons chimiques, à une chaleur plus intense. Quoi qu'il en soit, il ne paraît pas douteux que la terre n'ait été primitivement en fusion, au moins à sa superficie, et jusqu'à une certaine profondeur. C'est là l'essentiel à notre égard, puisque, n'ayant aucune sensation de son intérieur, l'histoire de sa surface est la seule dont nous puissions entreprendre d'esquisser quelques traits. Cette histoire est aussi la plus intéressante ; car il n'est pas probable que la masse de la terre soit un lieu d'habitation, tandis qu'il l'est au contraire extrêmement qu'elle n'est qu'une sorte de lest pour l'atmosphère, et que l'astre véritable, je veux dire le réceptacle des êtres dont la vie est attachée à la terre, est formé par la substance diaphane que le noyau solide retient autour de lui.

» Les plus anciennes observations dont il y ait mémoire témoignent que, dans les premiers temps, la terre, dans ses révolutions autour du soleil, n'offrait point, comme à présent, des phases périodiques. Son éclat était aussi plus vif qu'il ne l'est devenu. Semblable au soleil, elle ignorait l'obscurité. Un jour brillant entretenu par la conflagration générale de la superficie y régnait continuellement, son atmosphère elle-même était éblouissante, et ses feux rayonnaient au loin dans l'espace. De grands changemens se sont donc produits depuis ces temps-là sur la terre, puisque nous voyons que sa masse solide aussi bien que son atmosphère ont perdu les propriétés lumineuses qu'elles possédaient autrefois, et qu'à l'exception de quelques rares étincelles, l'astre se perd dans la nuit partout où le soleil n'y frappe pas. Il ne paraît pas douteux que ces changemens ne soient dus à ce que, les phénomènes de combinaison qui s'effectuaient à la surface de l'astre s'étant achevés ou interrompus, la masse, cessant de se trouver dans le même état thermo-électrique qu'auparavant, s'est refroidie et obscurcie peu à peu. L'extérieur a donc pris, et les croûtes vacillantes dont il se recouvrait çà et là, s'étant à la fin rejointes et soudées, ont formé une enveloppe continue qui a couvert tout le feu. Ainsi, la terre s'éteignant, ou tout au moins se voilant, a eu le sort commun à tant d'autres astres où les annales astronomiques constatent un pareil changement.

» Plusieurs autres effets remarquables s'accordent avec l'idée de ce refroidissement de la terre. Un des plus frappans est le changement qui s'y est produit dans l'atmosphère. Non seulement les phénomènes lumineux dont elle était primitivement le théâtre ont éprouvé une diminution correspondante à la diminution des mêmes phénomènes sur le noyau, mais elle s'est réduite et ne s'étend plus à la même distance qu'autrefois autour de la planète. En même temps que l'électricité a cessé d'y entretenir l'éclair, la chaleur a donc cessé d'y régner avec autant de puissance, et sa contraction est la marque de son refroidis-

sement. Mais ce refroidissement se témoigne encore par
une décomposition tout-à-fait digne d'attention. Formée
dans l'origine par des vapeurs de diverses natures, il s'est
trouvé qu'une partie de ces vapeurs, plus sensible que
l'autre à la variation thermométrique et se condensant
par suite de ce refroidissement, s'est métamorphosée en
un liquide qui s'est séparé de l'atmosphère et déposé à
la surface de la planète. Ce dépôt liquide dont l'épaisseur
moyenne n'est guère qu'un demi-millième du diamètre du
globe qu'il mouille, et qui ne semble ainsi qu'un accident
médiocre, est cependant un des élémens les plus importans
de l'histoire de la terre. Ce qu'il y a de plus remarquable
dans cette histoire, depuis la cessation du feu, consiste
en effet dans la variation des rapports du liquide avec les
protubérances qui s'élèvent au-dessus. Et il est permis de
conjecturer que cette variation, qui se témoigne au-dehors
par des traits si apparens, doit avoir également une grande
influence sur la population de la terre, puisque les conditions
d'habitation sont nécessairement différentes dans les régions
recouvertes par l'atmosphère liquide et dans celles qui le
sont par l'atmosphère aérienne, et que par conséquent l'é-
conomie générale de la terre se trouve essentiellement liée
au système de ces régions. Il est constant que depuis un
assez grand nombre de siècles le liquide a discontinué sa
séparation graduelle d'avec l'atmosphère; non qu'il faille
en conclure que tout ce qu'il y en avait a fini de se précipiter, mais plutôt que l'atmosphère étant parvenue à un
état dans lequel sa température ne change plus, le phénomène qui n'était que la conséquence de l'abaissement séculaire de cette température a dû naturellement s'interrompre.
Il n'y a donc plus sur ce point de variation continue, mais seulement quelques variations périodiques et de peu d'étendue,
l'atmosphère, dans les saisons où elle s'échauffe, reprenant
une petite quantité de vapeur que dans ses temps de refroidissement elle abandonne de nouveau. En un mot, la constance générale de la température superficielle, que d'autres
raisons encore doivent faire considérer comme définitivement
établie sur la terre, entraîne par correspondance de cause à
effet la constance générale de la masse liquide. Et il se peut

d'ailleurs que ce qui reste encore de cette vapeur parmi les autres dont l'atmosphère se compose ne soit plus qu'une faible proportion de ce qui s'en est progressivement distrait. Les régions qui entourent les pôles sont, à ce qu'il paraît, celles où le dépôt s'est d'abord effectué. C'était là en effet que le liquide devait se précipiter en premier lieu, puisque ces parties, étant, de toute la terre, les plus exposées au refroidissement, à cause de leur obliquité à l'égard du soleil, ont dû provoquer avant toutes les autres une chute de vapeur, et qu'en outre le sphéroïde, également par suite de la plus grande dissipation de la chaleur en ces endroits, y étant proportionnellement plus resserré que vers l'équateur, la pesanteur aurait tendu, en tous cas, à conduire le liquide dans ces dépressions. De là, par une crue continuelle, il s'est répandu sur une étendue considérable, sans jamais abandonner ses deux stations primitives ; les causes qui les lui avaient fait prendre dès le principe n'ayant fait depuis lors que se renforcer, puisque l'enveloppe du globe se contractant vers les pôles plus que partout ailleurs, s'y est aplatie de plus en plus, et que, de plus en plus, le liquide a dû s'y accumuler pour compenser l'effet de cette déviation. Les mers polaires sont donc une conséquence primordiale du refroidissement. Il est à remarquer aussi que la température du liquide dans ces régions a pu être primitivement beaucoup plus élevée, même durant les longues nuits où nous les voyons entrer tous les ans, qu'elle ne l'est aujourd'hui, même sous l'équateur, attendu que la pression exercée par la masse de l'atmosphère qui ne faisait que commencer à se réduire était alors plus considérable que maintenant, et que la condensation des vapeurs est déterminée non seulement par le froid, mais par la pression. Il n'y a même pas d'impossibilité à ce que, par l'effet de cette pression, la température des mers ait été originairement supérieure à la température sous l'influence de laquelle, avec la pression atmosphérique actuelle, l'espèce de liquide dont elles sont formées se résoudrait instantanément en vapeurs. Ainsi, il n'y a pas de doute que ce dépôt, que l'on peut justement nommer l'atmosphère liquide de la terre, a éprouvé, durant le temps de son accroissement, et précisément par la même cause qui le faisait croître, une variation thermométrique strictement correspondante à celle de l'enveloppe solide et à celle de l'atmosphère aérienne.

» De ce que le volume du liquide a continuellement grandi, il ne s'ensuit pas que la superficie qu'il occupe ait pareillement augmenté. La variation de cette superficie, soumise à deux lois différentes qui la compliquent par leur désaccord, est loin de jouir de la même simplicité que la précédente. D'un côté, en effet, elle renferme un principe de croissance, car, toutes choses égales, si le volume augmente, la superficie doit augmenter aussi. Et ainsi, dans le cas où le sphéroïde terrestre aurait une forme constante, le liquide s'y étalant graduellement à partir des deux pôles, à mesure qu'il se dépose, aurait fini, après un temps, par le couvrir entièrement. Mais la forme de la terre, également par suite du refroidissement, étant inconstante, il se trouve que, d'autre part, la variation de superficie est soumise à un principe de décroissance qui se combine avec le premier en le contrariant. Que l'on suppose pour un instant le sphéroïde à peu près régulier, et revêtu dans toute son étendue d'une couche peu épaisse de liquide, c'est ce qui se rapproche de sa condition géographique des premiers temps, il est évident que cette universalité de l'océan ne tardera pas à se réduire. En effet, comme la masse de la planète se refroidit toujours, son volume total ne cesse pas de diminuer. Mais le refroidissement des parties extérieures, dont la température est plus voisine de l'état définitif d'équilibre, étant moins considérable que celui des parties intérieures, l'enveloppe ne se contracte point dans la même proportion que le noyau, et comme elle continue à faire corps avec lui, et que cependant elle ne change pas sensiblement de dimension, il en résulte nécessairement que pour ne pas se séparer de lui, elle doit perdre sa régularité primitive et se bossuer. Certaines parties s'élèvent donc, tandis que d'autres s'abaissent, et dès que la profondeur de la couche liquide se trouve dépassée par ces variations, il se découvre des reliefs qui restreignent d'autant mieux la mer, qu'elle se trouve en même temps appelée dans les dépressions. Plus la masse du globe se refroidit, plus sa déformation se prononce, plus ses protubérances se développent, plus ses enfoncemens se creusent, plus enfin la superficie océanique diminue. Les anciennes cartes du disque de la terre montreraient distinctement combien sa configuration s'est modifiée à cet égard depuis la haute antiquité. On y verrait que ce disque, à partir d'une certaine époque, est devenu continuellement plus lumineux, la grandeur de ses taches, qui sont précisément ses régions liquides, n'ayant cessé d'aller, depuis lors, en s'amoindrissant; tandis que les parties brillantes, qui, dans le commencement, ne formaient que quelques pointemens, s'étant au contraire multipliées et augmentées, ont fini par se réunir les unes avec les autres, et constituer, aux dépens de la surface obscure, des espaces comparativement considérables. Ainsi, il résulte du calcul des effets naturels du refroidissement, aussi bien que de l'observation du disque de la terre, que la superficie de l'océan, après avoir suivi une première période d'accroissement, s'est trouvée soumise postérieurement à une loi inverse de variation, qui, maintenant que le volume de la masse liquide demeure constant, règne seule. Dès à présent, l'océan, qui, dans un temps, recouvrait presque entièrement la terre, n'en occupe plus guère que les trois quarts, et, comme la contraction de la masse intérieure se poursuit, on le verra se ramasser graduellement encore davantage, jusqu'à ce qu'enfin, le refroidissement de la terre ayant atteint son équilibre, tous les changemens dont ce refroidissement est le principe, et particulièrement celui-ci, soient à néant.

» On pourrait croire à première vue que la détermination des formes successives de la planète dépend d'un calcul assez simple. Il semble en effet que tout se réduise à la résolution de ce problème de géométrie : Etant donné le sphéroïde terrestre, trouver parmi tous les solides de même superficie, mais de volume inférieur dans un certain rapport, celui que l'on peut déduire de ce sphéroïde en imprimant la moindre somme de mouvement aux particules élémentaires. Le grand et fondamental principe que la nature marche à ses fins en dépensant le moins de force possible, exige en effet que les transformations du globe terrestre

soient assujetties à cette condition de minimum. Et d'ailleurs, elle est même nécessaire pour fixer une figure particulière dans le nombre indéfini de celles qui satisfont à
la condition d'avoir la même étendue superficielle que le
sphéroïde primitif avec le même volume que le sphéroïde
contracté. Il serait donc possible d'après cela de calculer
théoriquement la forme relative à toute diminution de volume de la planète, et par conséquent, en introduisant dans
la recherche, au lieu d'une diminution constante, la diminution variable, telle qu'elle ressort des lois du refroidissement, de s'élever à la détermination des formes successives
que la planète a prise et prendra, c'est-à-dire à la formule
générale de la géographie terrestre. Mais le défaut d'homogénéité des couches du sphéroïde, défaut manifesté par
la différence qui existe entre la déformation effective de la
terre et sa déformation théorique, rend le problème beaucoup plus compliqué et rigoureusement insoluble. Il résulte
en effet de cette circonstance que la déformation, bien qu'essentiellement soumise à la loi du minimum, dépend en outre
d'une multitude d'élémens que nous ne connaissons pas, et
dont, lors même que nous les connaîtrions, notre analyse ne
serait peut-être pas capable de tenir bon compte. Ce que nous
savons certainement, puisque l'observation le constate, c'est
que les protubérances augmentent sans cesse, en donnant
naissance, par leur intersection avec la couche liquide, à des
courbes dont le développement varie selon les temps, et qui,
par leur degré de complexité, se dérobent à la mesure de
nos compas. Mais, de ce que nous ne sommes pas en état de
les définir mathématiquement, il ne s'ensuit pas que leur
essence ne soit point exactement mathématique. Tout au
contraire, il est incontestable qu'elle l'est, car, provenant
de mouvemens régis par des lois physiques positives, ces
lignes sont aussi précises pour une géométrie supérieure,
que le sont pour la nôtre les lignes élémentaires. Seulement
le principe de leur régularité, au lieu d'être fondé sur les
lois de la contraction d'un sphéroïde homogène, l'étant sur
celles d'un sphéroïde plus composé, il nous est impossible
d'y atteindre. C'est par l'ordonnance inconnue des masses
également inconnues qui ont concouru à la formation de

cette planète au temps de son chaos, que le Créateur a préparé le système superficiel qui s'y est ensuite manifesté ; ce qui constitue un secret transcendant que, dans notre impuissance d'observer la composition intérieure de ce globe, nous ne pouvons percer. Mais, bien qu'arrêtés ainsi dans nos calculs, nous pouvons du moins, grâce au rapport qui existe entre ce qui est caché dans le sein de la terre et ce qui s'est produit au dehors, voir une conséquence directe, et pour ainsi dire une réflexion de l'ordre souterrain, dans l'ensemble des courbes que les protubérances dessinent à la surface de la mer.

» Ce n'est pas à dire cependant que l'influence de l'hétérogénéité soit tellement dominante, que le système superficiel de la terre soit absolument différent de celui qui correspond à l'hypothèse de l'homogénéité. Cette anomalie fondamentale a effectivement causé, comme nous venons de le dire, des perturbations si compliquées, qu'il paraît jusqu'à présent impossible d'en saisir la loi, mais qui ne sont cependant pas assez étendues pour masquer le principe général de la déformation, au point de le rendre tout-à-fait méconnaissable. En un mot, il n'est pas difficile d'apercevoir que les taches du disque terrestre, quelles que soient leurs inégalités, ont un certain rapport avec celles qui dérivent théoriquement de la contraction d'un sphéroïde homogène. Sans avoir besoin d'entrer au fond de cette analyse, il suffit de quelques considérations géométriques pour démontrer que le solide qui succède au sphéroïde, lorsque celui-ci, dans les conditions indiquées, diminue de volume en conservant la même étendue superficielle, n'est point, comme on le croirait peut-être de prime-abord, un polyèdre, mais un solide continu, résultant de la révolution d'un méridien ondulé sur la circonférence équatoriale ondulée également. On découvre aussi, sans plus de difficulté, que ce n'est pas assez de la condition du minimum de dépense pour déterminer le système d'ondulation du nouvel équateur et du nouveau méridien ; qu'il faut, en outre, faire entrer dans le calcul, pour en éliminer l'indéfini, la roideur de la surface, c'est-à-dire son degré de résistance à l'inflexion ; que le nombre, et par conséquent l'amplitude d s ondulations, pour un refroidissement donné, sont par conséquent déterminés en partie par la flexibilité de l'enveloppe; que la transmissibilité des forces dans le sphéroïde, la compensation du poids de l'enveloppe et la propension de la masse intérieure à conserver sa forme d'équilibre, quelques autres circonstances non moins difficiles à fixer, sont également nécessaires; enfin, que le problème, même en le dégageant de la question d'hétérogénéité, est encore d'un ordre très élevé. Mais en supposant, pour prendre, entre les hypothèses extrêmes, le cas qui parait le plus simple, deux ondulations à l'équateur et deux au méridien, c'est-à-dire en modifiant simplement les deux courbes directrices du sphéroïde primitif par un étranglement diamétral, il est sensible qu'en raison de l'excès d'aplatissement des deux pôles, le solide produit par cette combinaison serait une sorte de sphéroïde revêtu de quatre protubérances, symétriquement placées deux à deux, de part et d'autre de l'équateur, et déterminées dans leur relief et dans leur étendue par le relief et l'étendue des ondulations correspondantes. Leur forme générale serait donc allongée dans le sens de l'équateur, si les ondulations de l'équateur étaient moins développées que celles du méridien, et allongée, au contraire, dans le sens du méridien, si la supériorité appartenait aux ondulations de l'équateur. De telle sorte qu'à la limite, en annulant tout-à-fait les ondulations équatoriales, on trouverait dans chaque hémisphère, à la hauteur de la saillie du méridien, une protubérance annulaire parallèle à l'équateur, c'est-à-dire, en ajoutant la circonstance de l'océan, une bande de terre plus ou moins large faisant le tour complet du sphéroïde; tandis qu'en annulant au contraire les ondulations méridiennes, il y aurait dans chaque hémisphère deux côtes saillantes se dirigeant en pointe vers le pôle, et avec l'adjonction de l'océan, deux terres triangulaires appuyées sur l'équateur et s'élevant perpendiculairement jusqu'à une certaine distance du pôle où elles s'évanouissent. De là, il est aisé de déduire ce qui doit avoir lieu dans la condition moyenne, où les protubérances, situées semblablement dans le même hémisphère, et l'une au-dessus de l'autre dans les hémisphères opposées, se rapprochent plus ou moins de la forme triangulaire ou de la forme annulaire, selon le rapport des ondulations génératrices (1.

» Or, il semble que le cas extrêmement simple que nous venons de considérer soit à peu près celui de la terre, avec cette singularité que ses deux hémisphères, par suite de l'hétérogénéité, ne sont point identiques, le système des ondulations méridiennes dominant dans le boréal, et celui des ondulations équatoriales dans l'austral. Il est même frappant que si, de chaque pôle successivement, on promène ses regards autour de soi sur la planète jusqu'à une certaine distance, du pôle austral, on ne voit, en s'en tenant au principal, que deux grandes pointes de terre qui descendent vers l'équateur en s'élargissant graduellement, tandis que du pôle boréal on ne voit qu'une suite de terres disposées annulairement autour de lui avec une continuité presque parfaite. Il semblerait donc, si l'on s'en tenait à ces deux points de vue, que les deux ordres extrêmes que nous avons considérés tout-à-l'heure, se sont partagé le sphéroïde terrestre, chacun y ayant un hémisphère où il est souverain. Mais à mesure que l'on s'éloigne des pôles, une plus grande complication, conséquence géométrique de la combinaison des inflexions, se manifeste, et parvient à son plus haut point dans les environs de l'équateur.

» Toutefois, les anomalies, malgré leur étendue, ne s'opposent point à ce que l'on puisse facilement saisir l'analogie qui existe partout entre le système superficiel de la terre et

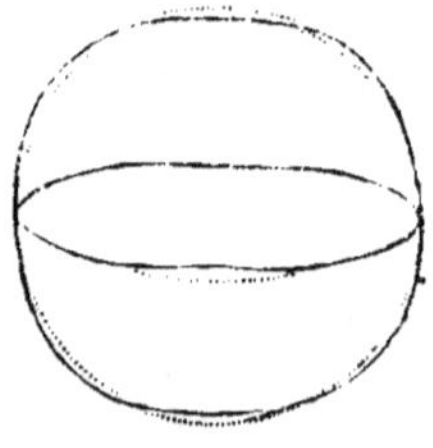

(1 Nous avions d'abord jugé utile d'appuyer cet exposé nouveau des principes de la géographie par une note. Mais il nous semble, en relisant ce passage, qu'il est assez explicite pour les personnes versées dans les mathématiques si elles veulent bien lui prêter un peu d'attention, et que la note en question, dénuée d'intérêt pour les personnes étrangères à cette science serait ici hors d'œuvre. En conservant la figure ci-jointe qui donne une idée sensible des ondulations équatoriales et méridiennes, nous ferons seulement remarquer que l'ellipse ondulée est une des courbes ordinaires de l'astronomie.

le système théorique, et fixer ainsi, au moins d'une manière générale, les lois essentielles de la géographie. Il n'y a pas un trait fondamental qui ne soit un trait de géométrie. Le plus remarquable est la division du terrain découvert en quatre fractions. Deux sont situées dans l'hémisphère austral, deux dans l'hémisphère boréal, et justement au-dessus des deux autres. Les deux protubérances australes ont la même figure, celle d'un triangle, à peu près les mêmes proportions, la même direction, la même grandeur. Les deux protubérances opposées diffèrent davantage. L'une est un triangle allongé, parallèle à l'équateur, et dont la sommité, placée à peu de distance au-dessus de la base de la protubérance australe conjointe, forme, par ses dentelures, la région la plus composée que l'on aperçoive sur la terre. L'autre est un triangle moins allongé, mais dont le diamètre est également parallèle à l'équateur, et dont le sommet, dentelé aussi et placé symétriquement en regard de l'autre, est situé de même à quelque distance au-dessus de la base de la protubérance australe correspondante. Ces analogies frappantes n'empêchent pas qu'il n'y ait entre ces deux régions, principalement à cause de l'inégalité de leurs dimensions en longitude, une différence incomparablement plus grande que celle qui existe entre les deux protubérances de l'hémisphère opposé. Cette différence se rapporte à l'une des irrégularités essentielles de la masse terrestre.

Il est à remarquer aussi que la protubérance australe du premier couple s'élevant au nord plus que celle du second, le canal intermédiaire entre les protubérances de même couple est, dans le premier, à la fois plus étroit et plus distant de l'équateur que dans le second. Les canaux parallèles à l'équateur ne se présentent donc point sur le sphéroïde terrestre dans des conditions parfaites de symétrie, l'un y étant beaucoup plus large que l'autre, et soumis en outre, par suite de sa position plus méridionale, au régime tropical, tandis que le canal opposé est sous le climat tempéré. Mais il y a, d'autre part, entre eux une analogie qui, pour être accidentelle et hors de théorie, n'en est pas moins digne d'attention. Tous deux, en effet, se trouvent coupés par un barrage transversal, disposé symétriquement dans chacun d'eux , de sorte qu'ils demeurent ouverts face à face, et dans la direction suivant laquelle ils sont le plus rapprochés l'un de l'autre. Il semble que la nature ait voulu marquer plus clairement encore, par ce détail, le rapport profond qu'elle a institué entre ces deux régions, occupant toutes deux les deux positions singulières que les lois de la contraction géométrique déterminent à la superficie du sphéroïde, constituant toutes deux le bassin central et comme le port naturel de chacun des deux couples, toutes deux enfin les plus variées qu'il y ait sur la terre, tant par la différence des climats qui y distinguent le nord du midi, que par leur complication géographique. Si la terre sert de résidence à une population intelligente , il ne paraît pas douteux que ces deux régions remarquables n'en soient les deux capitales , et qu'il n'y ait, de l'une à l'autre, le commerce que nous leur voyons en quelque sorte commandé par l'ordonnance de la nature. Il est à observer toutefois que si cette population habite toute la terre , les fermetures qui existent dans ces méditerranées et qui y font obstacle, dans l'une à la circulation maritime vers l'orient , dans l'autre à la circulation maritime vers l'occident , doivent être une circonstance plus défavorable qu'utile, de sorte que comme jusqu'à présent l'état naturel n'est pas changé , on peut en tirer la conclusion que cette population n'a pas encore beaucoup de puissance créatrice, puisqu'elle n'a pas encore remédié à cet inconvénient géographique.

» Une anomalie bien plus considérable que celle dont nous venons de parler, se met à découvert quand on compare les deux canaux parallèles à l'équateur aux deux canaux situés dans la direction méridienne. Ces deux-ci , en effet, sont incomparablement plus développés que les deux autres, leur largeur à l'équateur formant presque les quatre cinquièmes de la circonférence totale. Les ondulations rentrantes sont donc proportionnellement plus développées sur l'équateur que sur le méridien. Et, de là, résulte, en principe, ce caractère général du disque terrestre, que les terres y ont une tendance bien plus prononcée à s'allonger d'un pôle à l'autre que parallèlement à l'équateur. Mais non seulement l'irrégularité de la masse terrestre fait que les canaux méridiens sont très différens des canaux équatoriaux, elle est cause qu'ils sont aussi très différens l'un de l'autre. Celui qui sépare les couples du côté où les méditerranées sont fermées, a une telle largeur, qu'il n'occupe guère moins de la moitié de la surface de la terre. D'où il suit qu'en coupant le sphéroïde par un plan diamétral dirigé à peu près suivant les bases des deux protubérances boréales, on le partage en deux hémisphères, dont l'un, si l'on excepte quelques îles, est tout océan, et dont l'autre contient toutes les terres. Il y a donc plus de solide dans l'un des hémisphères que dans l'autre, et comme ils doivent se faire exactement équilibre, la conclusion naturelle est que l'un est plus dense que l'autre. Mais, réciproquement, si l'un des hémisphères est plus dense que l'autre, cet hémisphère, en se contractant, doit être moins disposé à saillir, soit que son excès de densité ait pour effet de déterminer la saillie à se produire de préférence sur l'autre hémisphère, soit que la saillie qui s'y produit ne puisse s'élever sans troubler l'équilibre, également à cause de cet excès de densité, jusqu'au niveau du sphéroïde moyen, et par conséquent du liquide. Cette grande anomalie du système superficiel est donc la réflexion d'une légère inégalité de la masse intérieure. C'est ce qui a suffi pour déterminer toutes ces déviations de l'ordre théorique : la concentration des terres en un groupe moins espacé de moitié que dans l'état normal, le rapprochement singulier des deux régions capitales qui, au lieu d'être, comme la symétrie l'exigerait, aux antipodes l'une de l'autre, ne sont distantes que d'environ un sixième de la circonférence, en un mot le rejet de la masse des eaux nécessaires à l'économie générale de la planète en un seul bassin, anomalies qu'il est sans doute permis de considérer comme ménagées par la nature dans l'intérêt de la population de la terre.

» Mais en considérant isolément chaque canal, on y retrouve des traces de régularité dans l'analogie de configuration des deux bords. Si l'on porte premièrement son attention sur le plus étroit, il est sensible qu'il ne s'écarte essentiellement de la définition théorique que par suite de la déviation, dans le sens du méridien, de la protubérance

australe du premier couple. Pour que son axe, cessant d'être
sinueux, se rectifie tout-à-fait et devienne perpendiculaire
à l'équateur ; pour que les deux saillies qui appartiennent
à chaque bord se placent respectivement devant des saillies
de caractère semblable ; pour que, les principales inégalités
s'effaçant, une symétrie presque parfaite s'établisse, il suffit
donc de supposer cette déviation corrigée, et par conséquent
il est vraisemblable que l'anomalie n'a en cet endroit que
peu de fond. Sans en avoir davantage dans le second canal,
elle y a plus d'effet. Comme c'est à la différence d'étendue
des deux protubérances de l'hémisphère boréal qu'elle a
surtout rapport, c'est aussi dans cet hémisphère qu'elle
se témoigne par les dehors les plus considérables. Elle n'y
neutralise cependant pas toute tendance à l'ordre régulier ;
et les bords du canal, vus dans leur ensemble comme formant un évasement quadrilatère du cercle arctique à l'é-
quatorial, et de l'équatorial à l'antarctique, offrent l'empreinte d'une certaine correspondance générale. Seulement,
il est manifeste que le bord de la protubérance boréale du
premier couple, à cause de sa plus grande étendue et des
dentelures dont il est chargé, est dans des conditions différentes de celles du bord opposé. C'est en cela que consiste
le défaut de symétrie le plus notable. Pour le corriger, et
ramener par conséquent le canal à la régularité théorique,
il suffirait donc de faire avancer, sur la mer, la protubérance
boréale du second couple, de la même quantité que la protubérance vis-à-vis, c'est-à-dire d'obliger le couple le moins
développé à rentrer dans son mouvement de croissance.
Ainsi, il ne faudrait qu'une continuation, en cet endroit,
du gonflement naturel de l'enveloppe de la terre pour faire
faire au système géographique un pas important vers l'ordre
précis de la géométrie.

» Il est intéressant d'observer que ce soulèvement, le long
du second couple, n'aurait pas seulement pour résultat de
corriger l'anomalie de la seconde protubérance boréale en
lui donnant à l'occident un caractère analogue à celui de la
première à l'orient, mais que l'enveloppe, dans cette hypothèse, se gonflant également dans l'hémisphère austral, il
se développerait vraisemblablement dans cette partie du

canal, par l'agrandissement et la multiplication des îles qui s'y laissent apercevoir, un archipel semblable à celui qui existe du côté de l'autre bord. Il n'est donc pas impossible qu'une partie des irrégularités qui s'observent aujourd'hui dans le dessin général des taches de la terre, soit destinée à en disparaître graduellement par la simple conséquence de la condensation progressive du corps de la planète. En effet, il est certain qu'en raison de ce phénomène, l'étendue des régions émergées, qui depuis la haute antiquité ne cesse d'augmenter, continuera nécessairement à augmenter encore pendant une longue suite de siècles; de sorte qu'il reste seulement à savoir de quelle manière l'augmentation se fera. Or, pour revenir au langage de la géométrie, comme il semble y avoir de la probabilité à ce que la seconde ondulation équatoriale, actuellement en arrière de développement sur la première, soit portée, par un motif d'équilibre, à s'agrandir, et précisément du côté où l'inflexion rentrante a le plus de valeur, il semble aussi que l'on soit en droit de conjecturer que la prochaine contraction du sphéroïde aura la tendance en question. Et de fait, diverses observations semblent attester que ce bord du second couple, surtout aux environs de l'équateur, est une des portions de la terre où l'enveloppe montre, dans la période actuelle, le plus de propension à l'instabilité, et même au soulèvement.

» Le principe de la déformation systématique du sphéroïde, fondé sur la combinaison des lois du refroidissement avec celles de l'économie dans la dépense des forces vives, tout en expliquant la configuration superficielle de la terre, peut donc servir en même temps à jeter quelque lumière sur l'histoire de ses révolutions. Il en résulte en effet que la configuration actuelle, loin de n'être, dans ses dispositions essentielles, qu'un phénomène accidentel et sans permanence, est au contraire la suite d'une ordonnance fondamentale et d'institution primitive. Du jour où le sphéroïde a commencé à se refroidir, la nature, avec sa science ordinaire, a commencé à le pétrir pour lui donner la forme qui convient à son état thermométrique définitif; et de même que, dans ce travail, elle ne dépense sa force que successivement et toujours en proportion de ce que la diminution de la tempé-

 nature commande, elle ne la dépense non plus qu'avec ména-
gement, dirigeant à son projet final chacune des modifications intermédiaires qu'elle accomplit; de manière à ce que
tout y concoure, et que rien de ce qu'elle fait ne soit jamais à
défaire. Ainsi, tous les changemens qui, à partir du premier
acte de déformation, se sont effectués dans la courbure de la
terre, ne sont que les diverses parties de l'opération calculée par la nature pour imprimer, aux moindres frais, à cette
masse la dernière forme qu'elle doit prendre. Les inflexions
qui donnent aujourd'hui à sa surface les reliefs généraux qui
la caractérisent ne datent point d'hier et ne sont point
destinées à s'effacer demain. Elles se sont marquées dès
l'origine, et, depuis lors, ne variant que d'amplitude,
elles ont continuellement augmenté, malgré les actions
contraires, les unes leur profondeur, les autres leur saillie,
pour n'arriver à leur fixité virtuelle qu'à l'époque où s'inter-
rompra le refroidissement qui les cause. La géographie, dans
tous les changemens qu'elle éprouve, roule donc toujours
sur le même fond. Pour creuser ces canaux qui partagent
la terre, pour dresser ces protubérances qui les surmon-
tent, il a fallu toute la force qui s'est développée par le
refroidissement de cette planète, avec tout le temps qui
s'est écoulé depuis que ce refroidissement suit son cours.
Il n'y a point à s'imaginer que la nature, par un passe-
temps sans objet comme sans raison, élevant en pure perte
ce qui était abaissé, ou abaissant de même ce qui était élevé,
ait jamais pris plaisir à remplacer sans nécessité des mers
par des continens, ou des continens par des mers. La place
où sont actuellement les mers, comme celle où sont les
continens, leur a été donnée du jour où il leur a été dit de
montrer à l'univers leurs premières traces, et, comme nous
l'avons indiqué, elle leur avait été préparée long-temps
d'avance par le système des masses qui ont composé la planète. Ils y demeurent fidèles dans leurs variations même,
et les mers en se ramassant, de même que les continens en
s'étendant, toujours dans les environs de ces positions primitives, manifestent, par la conservation du même ordre de
rapports, la fermeté des liens qui les attachent intérieure-
ment à des régions constantes. Ce n'est pas à dire que les

mers dans leur diminution, ou les continens dans leur accroissement, ne balancent jamais ; que les unes ne reviennent pas sur ce qu'elles ont une fois cédé ; que les autres ne se désemparent pas quand ils ont une fois acquis. Il est sensible que l'écorce de la terre, en se soulevant d'un côté, est exposée à basculer, par suite, à s'enfoncer du côté opposé, et qu'ainsi la mer, tout en reculant, peut se dédommager quelquefois, en ressaisissant des lambeaux de ses anciens domaines. Mais ce ne sont là que des exceptions, et pour ainsi dire des épisodes imperceptibles dans les annales de la conquête du solide sur le liquide. Il n'y a jamais eu de grandes terres où nous voyons aujourd'hui de grands canaux ; les terres actuelles, résultat des additions qui se sont faites d'âge en âge aux archipels des premiers âges, ne sont que le développement des terres qui ont toujours été ; et, sauf les anomalies, les rivages que la mer, dans son mouvement rétrograde, a successivement occupés, demeurent tous en vue sur les superficies à découvert. Pour retrouver les traits les plus essentiels des anciennes configurations du disque de la terre, sans qu'il soit nécessaire ni de remonter jusqu'aux observations contemporaines, ni d'entrer dans l'investigation des fonds sur lesquels repose le liquide, il suffit donc de dresser le tableau des traces que les anciens établissemens de la mer ont laissées dans les régions émergées, rien d'important n'étant en dehors de leur ensemble. Enfin, il résulte encore des lois dont nous venons d'exposer le principe, que si la surface la terre, toujours soumise à des changemens analogues à ceux qu'elle a déjà subis, n'est pas destinée à présenter aux êtres qui s'y succéderont une habitation absolument invariable, ces êtres n'y seront cependant jamais en danger de voir le système géographique auquel leur existence est liée, se transformer par une révolution soudaine de fond en comble, les continens ne pouvant pas plus s'enfoncer en entier dans la mer, que les canaux de la mer se dessécher entier.

» Le même défaut d'homogénéité qui cause les anomalies que nous venons d'apercevoir dans la disposition et dans le développement des déformations générales du sphéroïde, en détermine de bien plus nombreuses dans leurs caractères secondaires. Celles-ci ont même une telle étendue, que si, au lieu de comparer les déformations par leurs traits essentiels, on les comparait par des traits moins décisifs, les relations qui existent entre les unes et les autres échapperaient vraisemblablement à l'analyse. En effet, à mesure que l'on entre dans le détail, la symétrie s'efface, et il n'est pas besoin d'y être bien avant pour que, l'influence des analogies fondamentales cessant de s'y f ire sentir, tout paraisse absolument divers d'un lieu à l'autre. Même dans les lignes de montagnes qui constituent la modification la plus notable du relief des continens, la régularité est déjà tellement troublée par la variété des circonstances locales, qu'il est à peine possible d'en démêler la trace. Et encore n'y parviendrait-on pas si l'on ne consentait à sortir du dédale dans lequel on est engagé par l'observation, pour chercher à y jeter préalablement, à l'aide de la théorie, quelque lumière.

» Le principe de ces lignes réside dans l'inflexibilité de l'enveloppe de la terre. Si l'on suppose à cette enveloppe un degré de souplesse suffisant, il n'y a plus de montagnes. Dès lors, en effet, quelque résistance qu'elle fasse, elle finit par en venir à toutes les inflexions que la loi de déformation lui commande, et la planète, toujours unie, même après avoir perdu sa simplicité primitive, ne présente dans ses saillans, comme dans ses rentrans, qu'une courbure d'ensemble. Mais que l'enveloppe ne soit qu'imparfaitement flexible, et qu'en obéissant aux forces qui la sollicitent à changer de forme, elle se rompe, de nouvelle conditions viennent compliquer la théorie. Les contractions du sphéroïde, au lieu de ne produire à sa surface qu'un système de grandes ondulations, y produisent un système d'arêtes de rebroussement qui en altèrent l'égalité. C'est l'équation entre les forces par lesquelles l'enveloppe du sphéroïde est portée à s'infléchir, et celles par lesquelles elle résiste à un brisement indéfini, qui détermine le nombre de ces arêtes qui sont précisément les lignes de fractures. De sorte qu'en poussant aux dernières limites la frangibilité de l'enveloppe, on retomberait sur le même résultat que dans le cas de la flexibilité absolue, la continuité se trouvant naturellement rétablie par le nombre infini des interruptions. Il paraît plus difficile de trouver le principe de la détermination spéciale de ces lignes. Cependant, en décomposant la question, on parvient aussi à s'en rendre maître, au moins approximativement. Si l'on se remet à considérer la déformation du sphéroïde comme résultant de ce que le méridien générateur s'ondule peu à peu tout en continuant sa révolution sur un équateur qui s'ondule également, on verra sans peine que les forces qui produisent cette variation se décomposent en deux classes principales, les unes agissant suivant les méridiens, et tendant, toutes choses égales, à produire des fractions parallèles à l'équateur, les autres agissant suivant les parallèles, et tendant, toutes choses égales aussi, à produire des fractures dans le sens des méridiens. Et puisque la force de fracture est évidemment en raison de l'intensité des inflexions, il sera sensible en même temps que plus le développement des inflexions équatoriales l'emportera sur celui des inflexions méridiennes, plus les fractures méridiennes l'emporteront sur les fractures parallèles à l'équateur, et réciproquement.

» Mais ces principes généraux qui, dans l'hypothèse de l'égalité de contraction et de frangibilité, président à la distribution des lignes de montagnes, souffrent, en raison des anomalies locales de courbure et de résistance, tant d'exceptions qu'on les voit presque entièrement paralysés. Les fractures, au lieu de suivre rigoureusement les alignemens qui correspondent, en théorie, à la déformation qui les cause, s'accordent de toutes les déviations qui, en leur permettant de satisfaire à peu près à leur objet, les amènent sur un terrain où elles peuvent s'effectuer avec plus d'économie. D'où il suit qu'elles sont non seulement discontinues, mais en zigzag. Néanmoins, comme il doit y avoir une certaine compensation entre les diverses déviations, l'influence de la règle doit se retrouver, au moins à certains égards, dans les moyennes. C'est, en effet, ce qui a lieu nonobstant toutes les anomalies. En jetant les yeux sur le plan général de ces lignes, on y reconnaît de prime abord que leurs directions principales, sans être exactement ni celles des méridiens ni celles des parallèles, y inclinent cependant par une tendance manifeste. Il suffit de les rapprocher idéalement en un seul groupe , pour apercevoir que leur ensemble se partage en deux faisceaux distincts, a peu près perpendiculaires l'un sur l'autre. Et le principe de la prédominance relative des fractures suivant le caractère des inflexions y est même marqué, car l'hémisphère austral, dans lequel les inflexions méridiennes ont le moins d'empire, est celui qui fournit, en moyenne, le plus de directions méridiennes, et à l'inverse, pour l'hémisphère boréal.

» Il y a, toutefois, dans ces tendances à la régularité théorique, d'autant plus de trouble, qu'à l'effet des anomalies de frangibilité s'ajoute celui des anomalies de contraction. Dès que la contraction partielle qui détermine les lignes de fracture ne s'ajuste pas exactement soit au méridien , soit à l'équateur, soit à tous deux ensemble, ces lignes prennent une obliquité correspondante à l'égard de chacune des directions normales. C'est une cause de déviation encore plus générale que l'autre. Cela n'empêche pas cependant qu'elle ne se prête parfaitement à la conservation de la régularité sous un autre aspect. En effet, quel que soit le sens de la contraction, puisque les lignes de fracture qui en dérivent sont ou parallèles, ou même, dans certains cas, perpendiculaires les unes sur les autres, il demeure établi en principe général que les chaînes de montagnes contemporaines sont, dans une même région , ou parallèles ou même perpendiculaires les unes sur les autres.

» A cette observation s'en joint une autre qui a rapport aussi aux anomalies générales des fractures. C'est que l'équateur de contraction, que jusqu'à présent le soin de la simplicité nous a fait supposer identique avec l'équateur de rotation, s'en écarte de plusieurs degrés. Ce désaccord, qui est la cause directe de l'inégalité de position des deux protubérances boréales, est en même temps celle de plusieurs anomalies secondaires. Aussi la symétrie du système géographique prend-elle, à certains égards, plus de netteté lorsqu'on la réfère à cet autre équateur. En plaçant dans une même région toutes les protubérances qui dirigent leur sommet vers le pôle austral, on trouve que cette région est sensiblement déterminée par un grand cercle incliné sur l'équateur de la même quantité que l'écliptique, c'est-à-dire, ce qui mérite au moins d'être remarqué, par une des anciennes positions de l'écliptique. Tel est l'équateur de contraction. Sa différence d'avec le véritable équateur, contraire aux lois mathématiques de la déformation de l'ellipse, tient sans doute à ce que l'ellipticité du sphéroïde terrestre, étant faiblement prononcée, devait naturellement céder, au moins sur un petit nombre de degrés, à l'influence des circonstances locales. D'ailleurs, en jetant les yeux sur les hémisphères donnés par ce nouveau cercle, on voit tout de suite leur diversité se trahir, puisque, sauf quelques exceptions, dans l'un il n'y a que des terres dirigées vers le pôle, dans l'autre, que des terres allongées dans le sens de l'équateur, et que le principe de la prédominance relative des lignes de fracture parallèles et perpendiculaires y est également manifeste. Donc cette diversité a dû avoir pour effet de faire dévier la déformation.

» Il n'y a que les fractures décisives qui fassent naître des lignes de montagnes. Celles autour desquelles il ne se fait que peu de mouvement n'ont aussi que peu d'apparence. Mais lorsque deux segmens de quelque étendue, ainsi rompus, viennent à s'incliner sensiblement l'un sur l'autre, la compression réciproque qu'ils éprouvent par l'effet de leurs poids et de leur différence de mouvement, produit un nouveau changement de relief dans la direction de leur arête de jonction. Les bords, refoulés et brisés dans la collision, se relèvent de part et d'autre, et déterminent ces crêtes compliquées qui diversifient si singulièrement la courbure générale des continens. Quelquefois même la matière intérieure sur laquelle l'enveloppe repose, chargée par ces massifs qui cherchent un autre équilibre, et réagissant sur la partie inférieure de la fracture, se fait jour entre les parois et donne lieu, sur toute la ligne, entre les bords froissés et soulevés, à une lèvre saillante et onduleuse. C'est, après le déplacement des rivages, la conséquence la plus clairement marquée de la variation de courbure du sphéroïde terrestre. Comme la formation de ces lignes, constamment sollicitée par le refroidissement, ne peut être décidée que par des forces capables de vaincre la résistance de l'enveloppe, elle ne s'effectue jamais qu'il ne se soit amassé

une quantité de force suffisante. Par suite, bien que continue dans sa tendance virtuelle, elle ne se développe effectivement que par accès périodiques. Plus le refroidissement
de la planète s'avance, plus il est lent, plus l'enveloppe s'é-
paissit, plus il faut de force pour la rompre, plus les périodes
de repos ont de durée, plus enfin les crises de contraction
prennent de vivacité et de puissance. Ce n'est pas cependant que tout changement de courbure soit nécessairement
accompagné d'une création de lignes de montagnes. Une
fracture faite, tout le mouvement auquel cette fracture
peut servir ne va pas à fin d'un seul trait. Il se trouve des
spasmes qui, n'étant qu'une reprise des spasmes précédens, s'accommodent, en la forçant sur quelques points,
de l'ancienne charnière. De sorte que chaque ligne, bien
qu'érigée par le choc des masses latérales avec de brusques
violences, porte dans ses reliefs la trace des coups suc-
cessifs qui l'ont façonnée et des ébranlemens périodiques
qui se sont produits autour d'elle. Le soulèvement des montagnes, loin d'être cause du soulèvement des continens,
n'en est donc au contraire qu'une conséquence particulière. Ce doit être pour les régions environnantes un grand
spectacle. Il n'est guère douteux que lorsqu'il a quelque
étendue, toute la masse de la planète, et surtout celle de
l'océan, n'en ressente le contre-coup, et que tous les habitans de la terre ne soient avertis, au moins par ce signal
mécanique, que l'équilibre est troublé et qu'une partie
de leur demeure vient de changer. La planète, par l'influence que le monde souterrain reconquiert momentanément à la superficie, semble vouloir retourner à son état
primitif, le sol s'agite, tout s'embrase, les minéraux lumineux reparaissent et font oublier le soleil, l'électricité repro-
duit ses éblouissantes splendeurs, l'atmosphère rentre dans
l'inquiétude et la tempête. Mais bientôt la crise finit, tout
se calme, tout s'éteint, tout se remet, à nos yeux, à l'ordinaire, et, sans doute que les êtres, s'appropriant aux nouvelles
régions qui viennent de se placer en regard du ciel, ne tar-
dent pas à s'y répandre et à en recouvrir toutes les ruines.

» Ces divers changemens dont la chaleur planétaire est le
principe sont ou si lents, ou séparés les uns des autres par

de si grands intervalles, que, communément, tout serait à
peu près fixe sur la terre, s'il n'y régnait un autre principe
de variation. Cet autre principe, plus instant, et qui ne se
dissimule jamais, c'est la chaleur solaire. La variation rapide
de la température des saisons, celle plus rapide encore de
la température du jour et de la nuit, et même des heures,
sont la conséquence de ce que l'intensité de cette chaleur
change à chaque instant en chaque point de la surface. Il
résulte donc de cet empire inconstant du soleil un second
système de variations, réglé, non plus par une série continue, mais par une série périodique, compliquée à la fois
par les périodes particulières qui se déroulent dans le cours
de l'année et par les périodes générales qui embrassent
les années elles-mêmes. C'est entre ces deux systèmes de
variations, celui que nous venons d'examiner et celui-ci,
que se partagent tous les phénomènes physiques de la
terre. Ils sont analogues par leur principe, la chaleur;
divers par leur spécialité, l'un comprenant les rapports de
la surface de la planète avec la masse intérieure, l'autre les
rapports de cette surface avec le soleil; distincts et même
contraires par leurs résultats définitifs. L'un préside à la formation de l'édifice géographique dont nous avons donné la
théorie; l'autre aux mouvemens journaliers qui entretiennent
dans cet établissement l'économie nécessaire. Comme les
effets dus à la chaleur planétaire se manifestent de préférence à la surface du sphéroïde, ceux qui sont dus à la chaleur solaire se manifestent, de préférence aussi, dans l'atmosphère. Dérivant tous également de la condensation qui
s'opère par le refroidissement dans cette masse de vapeurs,
ces derniers sont cependant de deux classes différentes,
les uns étant principalement des changemens de composition dans la matière atmosphérique, et les autres des déplacemens.

» Le mécanisme des uns et des autres, n'importe la complexité des résultats, est, au fond, d'une simplicité admirable.
La proportion de substance liquide qui est à l'état de vapeur
dans l'atmosphère, dépendant de la température, tend naturellement à varier en chaque lieu suivant les mêmes lois que
la chaleur. Tout lieu de l'atmosphère dont la température s'é-

lève reçoit donc, s'il y a du liquide à portée, une nouvelle quantité de vapeur; et, au contraire, dans tout lieu dont la température s'abaisse, une certaine quantité de vapeur, qui se trouve dès lors en excès, se sépare de l'atmosphère et tend à se déposer sur la superficie de la planète. Ce sont ces re-compositions et décompositions continuelles de l'atmosphère qui sont le principe des taches lumineuses dont le disque de la terre, vu des hauteurs célestes, se montre si diverse-ment et si abondamment parsemé. En effet, la vapeur qui, par la condensation, s'exprime de l'atmosphère ne s'en pré-cipite pas immédiatement, et y demeure encore, pendant un temps, en masses flottantes dont la configuration et la gran-deur, déterminées par les circonstances particulières du re-froidissement et de la localité, varient naturellement à l'infini selon les époques et les lieux, mais dont la propriété constante est de réfléchir avec une vivacité à part la lu-mière solaire. On ne voit jamais ces taches se développer dans les altitudes supérieures, et elles sont toujours dans un voisinage plus ou moins prochain de la surface de la terre. Du reste, une fois produites, elles s'élèvent ou s'a-baissent, s'accroissent, diminuent, se joignent, se di-visent, changent de forme, s'évanouissent, renaissent, tout cela en un instant, par une suite de variations si nom-breuses, si promptes, si compliquées, que rien n'est plus difficile à réduire en observations générales, et qu'il ne paraît pas que l'astronomie en puisse jamais donner la formule précise. Tous les lieux ne conviennent pas éga-lement à ces nébulosités singulières, et leur géographie n'est pas un sujet moins transcendant que leur histoire. Il est cependant facile de déterminer approximativement leurs préférences, en comparant entre elles les diverses figures que présente le disque de la terre dans les diverses périodes de l'année. On aperçoit ainsi que la formation des taches est plus ou moins active dans chaque région de l'atmo-sphère suivant son éloignement de l'équateur, sa situa-tion au-dessus d'un espace liquide ou d'un espace solide, suivant le caractère du relief de ce dernier et des régions circonvoisines, sa distance dans les différentes directions aux lignes de rivage, enfin, et principalement, suivant les

mouvemens de l'atmosphère, et la température particulière
à chaque saison, et même à chaque heure du jour. Rien
n'est donc plus complexe que les principes généraux de cette
géographie à la fois si composée et si changeante. Il y a
des portions considérables du disque, surtout dans la zone
méridionale, qui en sont presque absolument dépourvues
pendant la plus grande partie de l'année ; d'autres, spécialement dans les zones moyennes, où il est rare qu'on n'en
observe pas ; enfin, en regardant l'ensemble, on les voit,
suivant l'opposition des saisons dans les deux hémisphères,
prédominer dans l'un ou dans l'autre, ou se mettre à peu
près en équilibre dans tous deux. Plus ces taches sont nombreuses, plus est intense l'éclat dont resplendit la terre dans
le ciel étoilé de la nuit. Quelquefois elles se multiplient tellement, qu'elles nous dérobent, même pendant plusieurs
jours de suite, un quartier notable du corps de la planète,
voilé ainsi à nos yeux par une enveloppe que l'on peut comparer à un entassement continu de montagnes mouvantes.
Les ombres qu'inégalement éclairées selon la position que,
dans la rotation de la terre, elles viennent prendre tour à
tour à l'égard du soleil, ces masses projettent les unes sur les
autres, forment par leurs mutations continuelles, leurs ac-
cidens, leur contraste avec la blancheur des saillies en plein
soleil, un jeu sans fin. La magnificence du phénomène est
encore rehaussée par la couronne irisée que la lumière, en
se réfractant dans l'atmosphère, dessine tout autour de la
planète entre le disque obscur et le disque éclairé, particulièrement vers les pôles, et dans laquelle toutes les taches,
emportées par le mouvement diurne, viennent tour à tour
se plonger, soit qu'elles fassent leur entrée dans l'hémisphère éclairé, soit qu'elles en sortent pour disparaître dans
l'hémisphère obscur. Ce doit être un des plus beaux specta-
cles dont la nature ait donné la jouissance aux habitans de la
terre, surtout lorsque ces taches, suffisamment écartées les
unes des autres, et ne les privant pas entièrement du soleil,
tantôt l'éclipsent, et tantôt le découvrent ; et que, par une
métamorphose continuelle, roulant dans l'espace, avec un
ordre toujours nouveau, leur lente et interminable procession, elles accompagnent à son lever ou à son coucher l'astre

du jour pour s'y revêtir successivement dans les diverses zones de l'auréole, par une prompte et magnifique variation, de toutes les couleurs de la lumière. Bien que ces êtres, dominés par ces masses comme par une autre voûte céleste, ne puissent pas apercevoir, comme nous, dans son ensemble, le phénomène dont leur planète est le théâtre, il n'est cependant pas douteux que leur position, leur en amplifiant les détails et leur en développant les perspectives, ne doive le leur rendre encore plus pompeux et plus admirable.

» Ces amas de vapeurs ne demeurent point attachés aux régions dans lesquelles ils sont nés ; ils se transportent d'un point à l'autre du disque de la terre en vertu de mouvemens qui leur sont propres, et dont les lois composent un système non moins compliqué que celui des configurations et que celui des lieux et des époques de naissance. Les courans qui règnent nécessairement dans l'atmosphère sont le principe de ce déplacement qui forme une manifestation visible de leur force, de leur étendue, de leur direction. Il est en effet facile de comprendre que le soleil, en communiquant une température différente aux différentes parties de l'atmosphère, en trouble l'équilibre, et y cause par conséquent un système déterminé de mouvemens. Que l'on imagine une colonne atmosphérique dans laquelle le fluide soit plus échauffé, et, en raison de cette température supérieure, plus dilaté qu'aux alentours, il s'y élèvera naturellement jusqu'à ce qu'ayant perdu son excès de chaleur par son refroidissement dans les hauteurs, et abandonné sans tendance contraire à l'action de la pesanteur, il retombe dans la région circonvoisine, dont le fluide, pressant sur la partie inférieure de la colonne, aura remplacé celui qui y était, à mesure de son ascension, et s'échauffant à son tour, se sera mis en mouvement à sa suite de la même manière. Une circulation continuelle de bas en haut et de haut en bas est donc la conséquence immédiate de tout échauffement local analogue à celui que nous venons de supposer. Tel est le principe le plus général des courans que les inégalités de la chaleur solaire produisent dans l'atmosphère terrestre, et que l'observation des taches atmosphériques fait reconnaître. Mais ce n'est que par sa combinaison avec le décroissement de la vitesse

de rotation de l'équateur jusqu'aux pôles, qu'il développe
tous les phénomènes qui se rapportent à lui. Il faut en
effet, pour ne rien omettre d'essentiel, concevoir la colonne
échauffée en un lieu particulier de la surface de la terre.
Qu'elle soit donc d'abord à l'équateur, le fluide se trouvera
dès lors animé, outre son mouvement d'ascension, du même
mouvement général d'occident en orient que l'équateur; de
sorte que revenant, après s'être refroidi, à la surface de la
terre, en dehors de la colonne, c'est-à-dire à une certaine
distance de l'équateur, son mouvement de translation que
rien ne lui aura fait perdre sera supérieur d'une certaine
quantité à celui des parties de la surface situées au-dessous.
Il se présentera donc à leur égard comme doué d'un mouvement d'occident en orient, qui, modifié par la vitesse
avec laquelle le fluide s'éloigne de l'équateur, inclinera au
sud-ouest dans l'hémisphère boréal et au nord-ouest dans
l'hémisphère austral. Au contraire, le fluide qui, durant ce
temps-là, se précipitera de part et d'autre de l'équateur vers
la partie inférieure de la colonne, étant animé d'un mouvement de rotation moins rapide que celui de l'équateur,
se trouvera en retard à l'égard des parties au-dessus desquelles il cheminera, et produira ainsi un courant de nord-
est dans l'hémisphère boréal et de sud-est dans l'hémisphère austral. Il est clair que des mouvemens semblables,
dont il est tout aussi facile de calculer la direction, se dé-
velopperaient par les mêmes causes, en quelque lieu que
l'on voulût supposer la colonne en question. D'où il résulte,
en principe général, que des forces parallèles ou perpendiculaires au méridien doivent nécessairement se produire
dans l'atmosphère toutes les fois qu'une région quelconque
est soumise à une température supérieure à celle des régions d'alentour.

» Sans parler des mouvemens locaux dont ce mécanisme
donne la clef, il met particulièrement en évidence celle du
système de circulation qui, sur la terre comme sur toutes
les planètes de condition atmosphérique analogue, règne
avec une régularité sensible entre l'équateur et les latitudes
moyennes. En effet, dans toute l'étendue de la zone équatoriale, le fluide, à cause de l'aplomb du soleil, étant plus

échauffé que dans les zones latérales, s'élève continuellement, et parvenu aux limites de son ascension, se déverse
de part et d'autre sur les régions tempérées. Le cercle de
l'équateur, dans la partie supérieure de l'atmosphère, est
donc la base d'une double nappe de fluide qui s'épanche
tout autour de la terre sur chacun des deux hémisphères,
en se dirigeant au sud ouest dans l'un, au nord ouest dans
l'autre, et qui, ne s'abaissant que graduellement, vient ren-
contrer la surface de la planète dans les latitudes moyennes.
Tandis que ce même cercle, dans la partie inférieure de l'atmosphère, est le lieu d'appel de deux nappes qui, situées
au-dessous de celles-ci et animées d'un mouvement directement contraire, se dirigent des latitudes moyennes vers
l'équateur, où s'élevant à leur tour par l'effet de la chaleur,
elles donnent suite à cette circulation régulière. Mais des
lois même du mécanisme, en vertu desquelles les zones où
se font les renversemens de mouvement sont précisément
celles où les forces directrices ont le moins de netteté, il résulte qu'étant dans ces zones faiblement réglée, la circulation
s'y trouve abandonnée aux influences secondaires, et soumise ainsi à des anomalies qui font de son ensemble une des
choses les plus compliquées qu'il y ait sur la terre. En effet, ces anomalies dépendent, comme il est aisé de le reconnaître, de circonstances si nombreuses, si délicates, si difficiles à traduire, si connexes, qu'il paraît presque impossible,
même avec les observations les plus étendues et la plus sub-
tile géométrie, d'en déterminer exactement le système. Il y
a donc dans chaque hémisphère, sans compter les régions
polaires, deux zones, la zone tempérée et la zone tropicale,
dans lesquelles les courans constans règnent souveraine-
ment, et deux zones dans lesquelles la prééminence appartient au contraire aux courans variables. C'est ce que le
spectacle des taches de l'atmosphère met parfaitement en
lumière. Si l'on considère celles qui se forment au-dessus
de l'équateur et à une petite distance de part et d'autre, on
s'aperçoit tout de suite qu'il n'y a rien de précis dans leurs
allures; les unes sont immobiles, les autres, qui se transportent vivement dans un sens ou dans l'autre, tournent à
l'instant et se dirigent ailleurs; il y a contrariété de mou-

vement même parmi les plus voisines; toutes sont dans un état d'agitation qui marque l'incertitude des courans qui les conduisent. Dès que l'on s'écarte de l'équateur, l'uniformité s'établit : les taches, à mesure qu'elles se développent, sont aspirées par la zone centrale, et vont à elle sous un angle presque constant, en convergeant ainsi les unes vers les autres dans les deux hémisphères. A quelque distance au-delà des tropiques, on les trouve qui oscillent de nouveau. Mais l'uniformité ne tarde pas à reprendre le dessus, et, troublées, seulement çà et là, par quelques dérangemens locaux et temporaires, elles marchent dans toute la zone tempérée suivant des directions moyennes entre l'ouest et le sud-ouest, pour l'hémisphère boréal, entre l'ouest et le nord-ouest, pour l'hémisphère austral. Enfin, la régularité s'altère de nouveau, et, de là, jusque vers les pôles, les mouvemens variables prennent de nouveau l'empire. C'est ainsi que se témoigne aux observateurs placés dans le ciel la circulation fondamentale de la terre; car les taches, par suite de sa constitution physique, ne s'y produisant jamais qu'à peu de distance de la surface, leurs mouvemens ne nous rendent raison que des courans des basses régions, et non point, sauf les circonstances accidentelles, de ceux qui, par suite de l'enchaînement général, croisent les premiers dans les altitudes supérieures.

Les inégalités de la circulation atmosphérique ne sont cependant pas restreintes à ces traits secondaires. Il en existe jusque dans les traits généraux, mais qui, au lieu d'avoir le degré de complexité des précédentes, sont régies dans leur ensemble par une loi périodique fort simple. En effet, le cercle d'appel des grandes nappes étant celui où l'atmosphère est au maximum d'échauffement, ne doit point demeurer confondu en tout temps avec l'équateur, mais éprouver, à la suite du soleil, un mouvement périodique d'oscillation autour de cette position moyenne. Les deux nappes circulatoires ne sont donc dans des conditions strictement identiques de situation et d'étendue qu'aux deux instans d'équinoxe, et pendant tout le reste de l'année, tendant soit à augmenter, soit à diminuer leur dissemblance, elles sont réellement différentes. Toutefois, l'ob-

servation nous montre que cette périodicité ne se marque
sur la terre par des phénomènes simples et réguliers, que
dans les lieux où, strictement définie en raison des circonstances de configuration, la zone d'appel est d'une assez
faible largeur pour pouvoir, dans son déplacement, passer
tout entière d'un côté à l'autre de l'équateur. C'est ce qui a
lieu particulièrement au-dessus des dentelures de la protubérance boréale, où la zone équatoriale, presque entièrement dans la mer, est flanquée des deux côtés, sous
les tropiques, par des terres considérables. En effet, ces
terres venant alternativement se mettre droit au soleil, se
transforment, par la réflexion de la chaleur qu'elles reçoivent, en foyers énergiques, et forcent les courans qu'elles
appellent à venir positivement jusqu'à elles et à franchir
par conséquent l'équateur. Il en résulte un renversement
périodique des courans entre l'équateur et les tropiques,
et la raison en est toute simple, puisque la direction relative des courans déterminés par l'appel de l'équateur au tropique est justement l'opposée de celle des courans appelés
du tropique à l'équateur. Quoique la périodicité des saisons
ne puisse manquer d'exercer une action déterminée dans
les régions analogues, tout autour de la terre, on remarque
cependant que nulle part ailleurs il ne se présente des circonstances convenables pour l'établissement d'un phénomène aussi régulier que ce renversement-là.

» Sans sortir du domaine général de la géométrie, il y
aurait encore à parler de l'influence de la variation annuelle
sur les courans particuliers aux régions polaires, du rapport des anomalies locales aux traits les plus caractéristiques
de la géographie, des espèces de courbes décrites naturellement par les courans, de la proportion numérique qui doit
exister entre les courans qui se produisent dans les différentes directions, enfin du système de leurs intensités, si
un simple regard sur cette question, qui, pour intéresser
sans doute au plus haut point, dans ses moindres détails,
les habitans de la terre, n'a cependant pour l'astronomie
qu'une importance de seconde ligne, ne suffisait à l'objet
particulier de ce discours. Nous l'achèverons donc en considérant simplement les principaux effets des forces que la

nature, par le mécanisme que nous venons d'exposer, a établies en permanence à la surface de la terre.

» Le plus direct est leur action sur le système des températures superficielles. Il résulte du principe de circulation, en vertu duquel les courans marchent du midi vers le pôle dans les régions tempérées, et du pôle vers le midi dans les régions chaudes, que la tendance la plus générale de la circulation, après le transport et le mélange des diverses parties de l'atmosphère, est de diminuer, par l'ordre même de l'opération, l'inégalité des climats. Mais cette tendance est accidentellement compliquée par une tendance différente, provenant de ce que les courans doivent prendre, chemin faisant, une quantité de chaleur plus ou moins grande, selon la nature des parties de la surface au-dessus desquelles ils se meuvent, n'y ayant point de doute que les parties qui réfléchissent fortement les rayons du soleil doivent être, toutes choses égales, plus chaudes en été, et plus froides en hiver, que celles dont la puissance de réflexion est plus faible. La température de chaque point de la surface tend donc à s'élever, non seulement si le courant auquel il est actuellement soumis arrive à lui d'une latitude plus méridionale, mais si ce courant a passé au-dessus d'un espace de terre en été, et au-dessus d'un espace de mer en hiver, tandis qu'elle tend au contraire à s'abaisser dans les circonstances inverses. D'où cette autre loi, en connexion avec la précédente, qu'à latitudes égales, dans les régions tempérées, le climat est plus doux sur le bord occidental des terres que sur leur bord oriental, et à l'opposé dans les régions qui touchent aux tropiques. Ainsi l'effet thermométrique des courans de même direction, dans les mêmes latitudes, est différent selon les lieux et les temps. Cette variation, jointe à la variation même des courans, est ce qui complique le plus les distributions annuelle et géographique des températures à la surface de la terre. A strictement parler, il n'y existe pas deux points, comme il n'y existe pas deux époques, qui soient à cet égard dans des conditions véritablement identiques. La loi de la température de chaque lieu, outre ses élémens constans, qui sont la distance à l'équateur, le rapport de configuration,

le degré d'élévation dans l'atmosphère : outre ses élémens
périodiques simples, qui sont les variations annuelles de la
longueur du jour, de la distance du soleil, de la direction
des courans, renferme donc des élémens composés qui paraissent indéfiniment variables, et dont le principe est dans
les anomalies des courans partiels. Voudrait-on supposer
que chacune de ces anomalies prise en elle-même fût périodique, il suffirait qu'il y eût, ainsi que cela est probable,
incommensurabilité entre les diverses durées des périodes
pour que, la compensation étant à jamais impossible, les
conditions de la température fussent en variation indéfinie,
et d'autant mieux que les mêmes courans, selon l'époque de l'année à laquelle ils tombent, ont une action différente. Il est donc certain que les divers lieux de la terre,
en proportion de ce qu'ils sont plus ou moins engagés dans
la zone où le règne des anomalies a le plus de force, passent
chaque année par une suite thermométrique plus ou moins
différente ; et comme tous les autres phénomènes de l'atmosphère, particulièrement ceux qui se rapportent à la pro-
duction et à la précipitation des nuages, sont dans la stricte
dépendance de la température, il s'ensuit que l'histoire de
la météorologie terrestre ne repose, dans son ensemble,
sur aucune période. Ses lois sont donc d'autant plus difficiles à découvrir, que la variabilité de leurs effets n'a point
de terme dans la suite des temps. Pour établir leur théorie
parfaite, il faudrait pouvoir joindre à des observations continuées pendant un cycle immense, et dans toutes les parties de la terre, une analyse générale de toutes les particu-
larités géographiques qui influencent les courans. Encore
faut-il ajouter que les élémens ordinairement constans,
dépendant de l'état de la surface de la terre, n'ont qu'une
constance relative, puisque cette surface change avec les
siècles ; et que les élémens périodiques ordinairement simples, dépendant des caractères astronomiques de l'année,
n'ont pareillement qu'une simplicité relative, puisque ces
caractères sont soumis, de leur côté, a des changemens séculaires : de sorte que la météorologie terrestre, même
en supposant le refroidissement superficiel terminé, reçoit
des variations de tous côtés, soit que l'on considère ses

rapports à la gravitation, ses rapports à la chaleur planétaire, ses rapports à la chaleur solaire, et semble, en dernière analyse, former un système complétement indéfinissable.

» La circulation de l'atmosphère devient, principalement par le transport des nébulosités, le mobile d'une circulation superficielle très remarquable. En effet, ces nébulosités ne se développant qu'un certain temps après l'évaporation du liquide qui les compose, et, après leur développement, demeurant, pendant un certain temps aussi, dans les courans où elles flottent, lorsque par un dernier acte de refroidissement elles se condensent tout-à-fait et se précipitent, il se trouve qu'en définitive une partie de la masse liquide est transportée d'un lieu dans un autre. L'équilibre général est donc troublé, et la partie déplacée tend naturellement à se mouvoir jusqu'à ce qu'elle rentre dans les conditions géométriques du repos. Dans le cas où la précipitation se fait à la surface de la mer, le retour à l'équilibre, en raison de la petitesse relative de l'incident, se fait d'ordinaire par une insensible diffusion du liquide dans toutes les directions où il est appelé. Le plus souvent, l'existence des courans variés qui s'établissent ainsi à la surface de la mer ne se trahit donc par aucun effet appréciable. Mais dans le cas où la précipitation a lieu au-dessus de quelqu'une des terres, il en résulte un phénomène spécial et tout-à-fait manifeste. Le liquide, parfaitement distinct par sa nature, de la superficie sur laquelle il est tombé, s'y ramasse de tous côtés, y ruisselle, à moins d'empêchement, suivant les lignes de plus grande pente, et finissant, à force de ruisseler, par se creuser des canaux, descend des hauteurs vers la mer par des chemins permanens et réguliers. Les régions émergées ne sont donc pas pour cela entièrement sèches. Liées par une correspondance continuelle avec la mer, jusque dans leur intérieur, au moyen de l'atmosphère, elles sont sillonnées par une multitude de vaisseaux qui, s'abouchant successivement les uns avec les autres jusqu'à ce que leur tronc principal vienne donner dans les réservoirs centraux, distribuent tout le long de leur trajet, soit par l'évaporation, soit sans doute aussi par une dissipation souterraine, une certaine somme de liquide et dessinent à la superficie de la terre les ramifications les plus complexes et les plus variées.

» L'observation fait voir que, comme les circonstances propres à la formation des nuages et à leur précipitation sont plus ou moins fréquentes selon les temps et selon les lieux, les courans liquides sont également soumis à un développement plus ou moins considérable selon les mêmes circonstances de temps et de lieu. Ainsi, cette circulation n'est uniforme ni sur toute la terre, ni durant toute l'année, et ses lois, plus composées encore que toutes celles que nous avons jusqu'à présent rencontrées, puisqu'elles résultent de la triple combinaison, dans un ordre déterminé, de celles de la géographie, de celles de la circulation atmosphérique, et de celles de la température atmosphérique et superficielle, sont trop au-dessus de la portée ordinaire de la géométrie pour qu'il soit possible de les définir astronomiquement. Mais sans dépasser les bornes de l'expérience, on peut du moins reconnaître, ce qui est d'ailleurs presque évident de soi-même, par analogie avec la circulation atmosphérique, que ce système de circulation est exempt de toute période. Il se développe donc, dans son ensemble, des effets continuellement nouveaux, et, néanmoins, comme il est lié par une dépendance de premier ordre aux lois de la géographie et des saisons, il conserve, au milieu de toutes ses variations, l'empreinte fondamentale de ces lois. De même aussi que, par la compensation de toutes les inégalités secondaires, il y a chaque année, en chaque lieu, un certain état moyen des courans atmosphériques et des températures, peu différent d'un temps à l'autre, il y a également, à part des exceptions quelquefois considérables, des moyennes de cette espèce pour la quantité de liquide amenée annuellement en chaque lieu par l'atmosphère. Il est même sensible que les courans qui sillonnent le disque de la terre grossissent ou diminuent assez régulièrement dans chaque période de l'année, de sorte qu'il se produit encore à cet égard, en correspondance des saisons, des moyennes faiblement variables. Ces moyennes sont cependant sujettes quelquefois à des anomalies remarquables.

On distingue de temps en temps des courans qui, accidentellement grossis au-delà de toutes les proportions qu'on leur
avait anciennement connues, et faisant irruption hors de
leurs vaisseaux ordinaires, s'épanchent tout-à-coup sur des
espaces considérables, et causent ainsi, transitoirement,
de véritables déluges dans les régions qu'ils traversent.
On observe que ces accès sont aujourd'hui plus rares et
plus restreints qu'ils ne l'étaient jadis. Car, alors, la mer
étant plus étendue et plus chaude qu'actuellement, les
phénomènes de l'évaporation et de la précipitation s'opé-
raient avec un degré de puissance qu'ils ont dû perdre
peu à peu par suite du rétrécissement et du refroidissement de l'espace liquide. Et comme ce changement concerne non seulement les anomalies, mais les moyennes
elles-mêmes, il s'ensuit que la circulation vasculaire est
soumise, dans son principe, à un ralentissement graduel
qui mérite d'être rangé parmi les traits les plus importans de l'histoire de la terre. Sur quoi, toutefois, il convient de noter que, dans l'ère actuelle, la température
générale de l'atmosphère paraissant avoir atteint sa fixité
définitive, le ralentissement, qui ne dépend désormais que
de la diminution de l'étendue de la mer, bien que se continuant toujours, suit du moins une loi moins rapide que
pendant la durée du refroidissement superficiel.

» Un des caractères les plus remarquables de cette circulation est la continuité dont elle jouit malgré les défauts contraires dont elle est affectée dans ses sources selon les temps
et les lieux. Il y a des régions où il ne se précipite presque
pas de liquide, et à la surface desquelles il en coule cependant toujours. C'est le résultat de la construction de l'appareil vasculaire. Constitué par un système de ramifications
largement épanouies, il s'y fait toujours en quelque point
quelque précipitation de liquide, et, par suite, il y a toujours affluence dans les branches principales qui, en raison
de l'étendue de leurs connexions, ne tarissent jamais. Voilà
pour l'enchaînement des lieux. Celui des temps n'est ni
moins digne d'attention, ni moins simple. Il repose principalement sur le peu d'inclinaison des canaux, d'où naît la
lenteur avec laquelle le liquide s'y meut. Il ne se réunit pas

tout d'un coup, à peine tombé sur le sol ; et une fois réuni, il ne retourne pas non plus, immédiatement, dans les réservoirs d'où l'atmosphère l'avait tiré. Son écoulement ne s'accomplit que peu à peu, et avant que le dépôt n'ait eu seulement le temps de se ramasser en totalité dans les vaisseaux, il en survient un autre qui lui fait suite. Ainsi donc, si la terre, en se contractant, au lieu de produire un petit nombre de continens, avait mis à découvert des régions plus divisées ; si ces régions, au lieu d'offrir des reliefs composés, s'étaient simplement formées en sillons voisins et parallèles ; enfin, si leur inclinaison, au lieu de la faible valeur qu'elle a prise, s'était fortement prononcée, la circulation liquide, au lieu d'avoir la continuité dont elle jouit, n'aurait pu éviter l'intermittence. C'est par conséquent un des effets les plus singuliers, et sans doute des plus spécialement voulus, de la figure particulière développée par la terre dans son refroidissement, que le liquide, bien que transporté de la mer sur la terre ferme par des crises locales et discontinues, y circule cependant partout et continuellement.

» La continuité est en outre quelquefois secondée par des bassins intérieurs, qui, retenant le liquide, forment, par les réserves qui s'y rassemblent, les régulateurs des vaisseaux auxquels ils donnent naissance. Mais elle l'est aussi dans certaines régions par un phénomène d'un autre ordre, et qui lui est à la fois favorable et contraire. Comme il suffit d'une légère variation de température pour que la substance des mers se transforme non seulement soit en liquide, soit en vapeur, mais pour qu'elle se solidifie complétement, il arrive qu'en toute région où la chaleur descend au-dessous d'une certaine limite, la circulation se paralyse et demeure interrompue jusqu'à ce qu'il se fasse un changement thermométrique convenable. Tant que dure le froid, les nébulosités, qui, cependant, se précipitent toujours, s'attachent donc en quelque sorte à la surface de la terre, et y accumulent les uns sur les autres leurs dépôts, qui, très apparens par la vivacité de leur lumière, s'étendent alternativement sur chaque hémisphère, pendant les temps froids, depuis le pôle jusque dans les latitudes moyennes. C'est un phénomène digne d'étude, et tout pareil à celui qui se produit aussi durant l'hiver sur le disque de Mars. Dès que le règne de la chaleur se rétablit, il tend à s'effacer. Les dépôts se fondent, les vaisseaux reprennent leurs fonctions. et le liquide, arrêté quelque temps dans sa marche naturelle vers la mer, y coule de nouveau de toutes parts. Mais l'écoulement n'est pas instantané; la fusion ne s'opère que graduellement, et l'été trouve encore sur les cimes les plus élevées, au point de départ des ramifications extrêmes, des restes de l'hiver qui, se liquéfiant seulement alors, et d'autant plus vivement que la chaleur a plus de force, ravivent la circulation au moment même où, par la diminution des apports de l'atmosphère, elle semblait vouloir cesser encore. C'est une harmonie naturelle, mais dont les avantages sont uniquement pour l'été. Le phénomène bien que d'autant plus développé qu'on se rapproche davantage des pôles, convient toutefois d'autant mieux à la continuité de la circulation que l'intermittence qu'il nécessite n'est pas trop prolongée. Aussi, les terres tempérées, et particulièrement celles de l'hémisphère boréal, à cause de leur étendue, sont-elles à cet égard les mieux partagées. Dans les régions polaires, il n'y a qu'excès. Plus il s'y est entassé de dépôts durant les longues nuits de l'hiver, plus il s'y en liquéfie durant les longs jours de l'été, et la circulation, après y avoir été trop long-temps entravée, y devient trop active.

» Les courans qui s'épanchent ainsi alternativement des deux pôles, sensibles à la surface de la mer par les débris qu'ils charrient, coulent, incités par la gravité qui préside au maintien de la forme sphéroïdale, jusque dans les zones moyennes où ils s'épanouissent. Ils ne sont point sans doute les seuls courans qu'il y ait dans la mer. Il ne peut manquer d'en exister une multitude d'autres, causés non seulement par les différences locales de la précipitation et de l'évaporation, mais par l'impulsion communiquée à la surface du liquide par l'atmosphère. Cette circulation-là, uniquement réglée par la circulation aérienne, est donc essentiellement variable, et d'autant plus complexe, qu'il y a vraisemblablement dans la mer, comme dans l'atmosphère, des courans superposés qui se combinent pour la conservation de l'équilibre. Elle a donc, au fond, plus de rapport avec la circulation aérienne qu'avec la circulation vasculaire. Peut-être est-il permis de penser qu'exerçant moins d'influence sur les conditions qui régneraient sans eux dans les régions où ils passent, ces courans ont moins d'importance dans l'économie générale de la terre que ceux des deux autres systèmes. Cependant, si l'on considère que non seulement ils doivent creuser l'enveloppe avec une énergie proportionnée à la charge qu'ils supportent, en y frottant avec force ou même en y pénétrant pour la miner plus efficacement encore (1), mais qu'ils changent en outre sa température en occasionnant un refroidissement plus considérable que celui qui s'opèrerait au contact de l'atmosphère, on concevra qu'ils ont aussi un rôle spécial qui est de modifier le sphéroïde dans le sens de la déformation générale, soit par la voie mécanique et chimique, soit surtout par la contraction dans l'épaisseur de l'enveloppe. Ainsi, la mer, après s'être déposée dans les enfoncemens, tend à les approfondir encore, et à assurer par

(1) J'insiste sur ce point parce qu'il me semble qu'il doit exister une circulation souterraine très active dans les parties du sphéroïde qui sont recouvertes par l'océan. Si ce genre de circulation s'établit dans les parties à découvert par la simple déviation des eaux qui coulent à la surface, ne doit-il pas atteindre naturellement un degré de puissance bien supérieur dans les parties où le liquide se trouve chassé vers l'intérieur de la terre par une pression équivalente quelquefois à plusieurs centaines d'atmosphères? Il est par conséquent à croire qu'il se fait, par les conduits des sources minérales, un commerce continuel et très considérable entre les profondeurs de l'océan et les profondeurs souterraines. Il n'est donc pas invraisemblable que des terrains de sédiment aussi étendus que ceux qui servent de base à nos continens soient, aujourd'hui même, en formation dans les bassins des grandes mers, et que ces anciens dépôts ne soient eux-mêmes que le produit naturel de la circulation souterraine dont nous parlons. Du reste, il est sensible que les déformations causées par ce système particulier de mouvemens se compensent mutuellement; car le liquide dépose sur la dépression ce qu'il a ôté en dessous, exhaussant l'enveloppe par en haut de la même quantité dont, par en bas, il l'oblige à s'enfoncer.

conséquent la planète dans sa variation géographique fondamentale.

» Mais cet effet est activement combattu par un autre effet diamétralement opposé, auquel les courans de toute espèce conspirent, et qui paraît être leur fin commune. C'est la destruction des protubérances, leur transport et leur enfouissement dans les bassins de la mer, en définitive, le nivellement absolu de la surface de la planète, et par conséquent l'établissement de l'empire universel de l'océan. A cette conquête sont incessamment occupées toutes les portions du liquide qui sont en mouvement. En coulant ou dans l'intérieur des terres ou sur leur bord, elles y exercent soit un frottement qui les use, soit des chocs qui en détachent des parcelles, soit aussi sans doute, en quelques points, une action chimique qui les dissout; tellement qu'à la longue, par ce travail continuel, les aspérités s'adoucissent, les hauteurs s'abaissent, les rivages se rongent, et les continens démolis s'en vont en poudre dans la mer. Dispersée par les courans, cette poudre se dépose dans les bassins où ils se ralentisssent, et y reprenant corps, y forme, avec le temps, ces couches étendues qui paraissent à la lumière, quand une contraction de la planète, par une nouvelle saillie de l'enveloppe, vient détruire en un instant le résultat de tant de siècles, et préparer aux siècles qui doivent suivre une nouvelle pâture. Ainsi la lutte entre les deux principes, le solide et le liquide, est sans relâche à la surface de la terre. Chacun d'eux y dispute l'empire, l'un au nom de la chaleur du soleil dont, par son activité, il représente la puissance, l'autre au nom de la chaleur planétaire qu'il représente de même. Mais l'expérience des siècles qui nous montre les continens regagnant périodiquement sur la mer plus qu'elle ne leur avait pris, pour étaler leurs conquêtes au soleil dans un ordre où l'histoire des défaites successives du liquide demeure marquée, nous montre aussi par cet enseignement combien est grande la virtualité particulière de la terre. Reste à savoir si cette virtualité jusqu'à présent victorieuse est aussi durable que celle du soleil? Ne va-t-elle pas en s'affaiblissant suivant une loi plus rapide? N'y aura-t-il pas un temps où, la chaleur solaire prenant le dessus et conservant encore assez de force pour maintenir la mer en liquéfaction, les continens devront commencer à décroître, jusqu'au moment où, entièrement détruits et incapables de se relever, ils laisseront le liquide occuper paisiblement toute la surface de la planète? Et si le soleil lui-même se refroidit, n'y aura-t-il pas un autre temps où, l'océan universel s'étant solidifié, la terre arrivée a son équilibre final, et entrant dans le repos absolu, reprendra comme dans son équilibre primitif, la figure d'un sphéroïde parfait? Mais a-t-il été dit au soleil de se refroidir? Et si cela lui a été dit, ne lui a-t-il pas été dit en même temps de se régénérer ainsi que tout le système planétaire, avant que les conséquences sévères de la géométrie n'aient eu les millions de siècles qu'il leur faut pour se réaliser?

» Tels sont les effets les plus apparens sur la terre des trois grands principes de variation auxquels l'état de ce monde est soumis. Le premier porte surtout sur la situation de la planète dans le ciel, le second sur sa forme, le troisième sur la circulation qui s'y effectue. Mais, en somme, ils sont liés, et il n'y a point entre leurs effets de séparation absolue. Le refroidissement de la masse, et par conséquent sa forme et sa circulation superficielle, est en connexion avec l'éloignement du soleil, tandis que, d'autre part, la circulation, qui dépend à certains égards de la forme, tient à son tour la forme dans une certaine dépendance. Néanmoins, en se tenant dans le fond même des différences, n'importe la connexion des résultats, il est évident que la terre, dans ses phénomènes de gravitation, est à la fois active et passive : dans ses phénomènes de chaleur propre, active ; dans ses phénomènes de chaleur solaire, passive. Les phénomènes relatifs à chacun de ces trois modes, et dont quelques uns, même considérables, nous échappent peut-être à cause de l'imperfection de nos sensations, composent donc certainement toute l'histoire astronomique de la résidence sur laquelle nous venons de promener nos regards. Tout est là : et par conséquent, à moins d'intervention étrangère, il n'y a point à attendre de changement dans les conditions qui y règnent actuellement, avant la fin des millions de siècles nécessaires pour le refroidissement de la masse terrestre et le retour de l'empire océanique.

» Il faudrait à présent pouvoir parler des êtres que leur destinée fait vivre dans ce monde-là. D'autres habitans du ciel, plus clairvoyans, les aperçoivent peut-être, et sont ainsi en état de tirer de leurs observations astronomiques d'intéressans sujets de discours. Mais notre vue trop courte ne nous permet à leur égard que des conjectures générales. La première qui vienne à l'esprit, est que la terre, du moins à sa surface, n'étant point divisée en systèmes physiques totalement étrangers les uns aux autres, et dans lesquels la vie soit dans des conditions essentiellement différentes, tous les corps vivans qui s'y rencontrent, même dans la mer qui n'est en soi qu'une variété de l'atmosphère, doivent être liés les uns avec les autres, quelle que soit l'inégalité des êtres qu'ils représentent, par les lois d'une analogie générale ; car ils ne sont, les uns comme les autres, que l'expression des divers degrés de développement, ainsi que des diverses adaptations à tous les modes terrestres d'existence, d'un type unique d'organisation, correspondant à l'unité physique du monde auquel il a rapport. La probabilité de cette opinion s'augmente encore de ce que la terre, dans la suite des temps, et particulièrement depuis le dépôt du liquide qui a peut-être été la première matrice dans laquelle les êtres ont germé, n'a jamais été soumise à aucune révolution assez radicale pour mettre des conditions d'existence toutes nouvelles à la place de celles qui avaient cours auparavant. Le même ordre, varié seulement par des changemens secondaires dans la géographie, dans la composition de l'atmosphère, dans la température moyenne ou périodique, s'y continue donc toujours, et, par conséquent, en aucun temps, il n'a pu s'y produire un type d'organisation entièrement dissemblable de ceux qui avaient été dans les convenances de la planète à une époque antérieure quelconque. De plus, on peut induire de ce qu'il ne s'est jamais fait dans ce monde-là de subversion fondamentale, que sa population n'a jamais péri toute à la fois, et, ne s'étant donc jamais renouvelée de toutes pièces, demeure incessamment en rapport avec celle du commencement par des lois de généa-

logie dans lesquelles se conserve l'empreinte de l'unité d'ori
gine. Ainsi, de la constance des conditions physiques en tout
temps comme en tous les lieux, résulte une certaine analogie organique, non seulement dans l'ensemble des populations contemporaines, mais dans la série des populations
successives. Il y a même à présumer, en comparant les changemens astronomiques qui se sont effectués dans le cours
des siècles à ceux qui se font sentir quand on passe simplement d'un lieu à l'autre, que le système général des organisations ne présente pas beaucoup plus de dissemblances
dans l'ordre chronologique que dans l'ordre contemporain,
les discontinuités qui, par l'effet de l'extinction de certaines races, ont pu s'introduire dans ce dernier, n'existant
même pas dans l'autre, et la parenté de tous les membres
s'y confirmant ainsi par l'étroitesse des enchaînemens. C'est
ce que les restes mortels de ces anciens habitans, gisant
peut-être encore dans des sépultures, attesteraient sans
doute à qui les pourrait observer.

» Mais quelle est précisément la nature des habitans de ce
monde? La série des générations organiques y a-t-elle atteint
un point assez avancé de son développement, pour que les
espèces perfectibles aient commencé à y prendre pied? Ne
renferme-t-il jusqu'à présent que des espèces rudimentaires?
Il paraît propre à servir de lieu d'habitation depuis tant de
siècles, qu'il n'est peut-être pas indiscret de supposer que
l'enfantement de la race supérieure y est dès à présent accompli. Mais dans quelles conditions d'existence s'y trouve-
t-elle? Où vit-elle? Nage-t-elle, suspendue par sa légèreté spécifique, parmi les nuages? Se meut-elle dans
l'espace liquide? Chemine-t-elle, au contraire, gênée par la
pesanteur, sur les surfaces solides? Ou bien encore, est-
elle maîtresse d'habiter à volonté dans tous ces lieux, soit
par une disposition de nature, soit par un effet d'industrie?
Quel est enfin son ordre politique? Ne se compose-t-elle
que d'individus absolument semblables, ou consiste-t-elle
dans la combinaison de races différentes à la fois par leur
organisation, par leur intelligence, par leur caractère, ou par
quelqu'une de ces choses en particulier? En tous cas, avec
quelle piété l'éducation des inférieurs s'y fait-elle, et quel

foyer de perfectionnement les âmes justes ont-elles déjà constitué en ce point de l'univers? Rien ne saurait nous mettre sur la voie de ces hautes questions. Cependant, certains changemens qui s'observent depuis quelques siècles, et qui ne paraissent explicables ni par les phénomènes physiques, ni par ceux de l'instinct, indiquent la présence dans cette partie du ciel d'une race douée de facultés suffisantes pour concevoir des conditions plus convenables à son bien-être que les conditions naturelles, et pour les réaliser. Moderne comparativement à l'ancienneté de la planète et même des premiers germes de la population, il n'est pas à croire qu'elle soit encore parvenue à sa maturité. Elle ne s'est multipliée et propagée que peu à peu. Du midi de la grande protubérance boréale, elle a gagné les environs de la mer intérieure de cette région, et y a fondé les plus grands et les plus changeans établissemens qui se soient encore vus sur la terre. Depuis long-temps ses traits les plus sensibles étaient concentrés dans cette étendue limitée, lorsque tout-à-coup on lui a vu faire apparition par des traits analogues sur les protubérances du second couple, où jusqu'alors elle s'était fait à peine soupçonner. Il est donc à croire que, continuant à s'accroître, elle occupera bientôt toute la planète. Ainsi, une race intelligente et perfectible serait dès à présent en possession de cette résidence, y composant une société que divers détails peuvent faire considérer comme dans un état d'harmonie encore imparfait. Mais, toute nouvelle, puisqu'il s'est à peine accompli une révolution des équinoxes depuis qu'elle a commencé à se témoigner par des signes certains, il n'y a point à s'étonner que ses groupes ne se soient point encore arrangés sur un plan définitif. D'ailleurs, outre les difficultés morales, quelles difficultés physiques ses projets ne rencontrent-ils pas? C'est ce que nous ne pouvons seulement pressentir, puisque ces difficultés dépendent, non point de l'organisation astronomique de la planète, mais du rapport de cette organisation à celle des habitans. Ces diverses protubérances qui nous semblent rapprochées comme les quartiers d'une même cité, sont peut-être, pour ces êtres, et très vastes et très distantes l'une de l'autre, variant, à leur égard, d'étendue, à mesure que la locomotion dont ils jouissent devient plus prompte et plus facile. Il en est de même de toutes les autres conditions physiques de que nous avons successivement considérées, et lors même que nous les connaîtrions encore mieux, nous ne serions pas plus en état de déterminer si elles sont nuisibles ou convenables à la procession qui passe sur la terre, ni ce que lui coûtent les travaux d'amélioration qu'elle exécute, ni enfin si elle est tout-à-fait dans le bien, tout-à-fait dans le mal, ou entre les deux, et à quel point. »

Il nous reste donc à compléter l'idée que nous avons cherché à donner de la condition physique de la terre par ce regard d'en haut que nous venons d'y jeter, en y joignant un aperçu de ses rapports avec la race qui en est actuellement maîtresse. Peu nous importe la manière dont y existent ces embryons hors-matrice, plantes et animaux, que nous y voyons parmi nous. Ne visant ici qu'au principal, nous n'avons besoin que de savoir si le voisinage de ces êtres nous est incommode ou utile, et il n'est pas même difficile d'atteindre une hauteur d'où l'on puisse considérer cette multitude comme si elle n'était pas encore née. Ne nous occupons donc que de ce qui vit sur la terre par soi-même, non dans le sein de la nature, mais face à face avec elle ; c'est l'homme. Ses rapports avec la planète à laquelle il est lié, bien qu'essentiellement variables, puisqu'ils dépendent de lui, sont marqués à fond, en ce qu'ils ont de constant, dans cette parole qu'une mythologie antique met dans la bouche du Créateur à l'instant où il ouvre au flot de la race humaine les portes de la terre : « La terre te fera germer des ronces et des épines, et tu mangeras son herbe ; tu te nourriras de pain à la sueur de ton visage jusqu'à ce que tu retombes à la terre de laquelle tu es formé. »

En effet, la terre n'a point été ordonnée par Dieu, de manière à se trouver en tous temps et en tous lieux à la convenance de l'homme. Par un ordre singulier, et auquel on ne peut faire trop attention, les choses y sont tellement ménagées, qu'il n'est pour ainsi dire aucun des effets naturels qui s'y produisent dont l'homme ne soit exposé à recevoir du mal ; à la domination duquel il ne soit par conséquent porté à résister ; qui cependant, à certains égards, ne lui soit utile, et dont, par son industrie, il ne soit maître de tirer continuellement de plus en plus de profit. De sorte qu'il n'y a pas une chose sur terre qui soit si mauvaise, qu'elle ne soit bonne en même temps par quelque endroit, ni qui soit si bonne, que, d'autre part, elle ne soit mauvaise aussi. Les effets les plus opposés, quant au plaisir ou à la peine que nous en devons ressentir, procèdent donc, suivant les circonstances, des mêmes sources ; et pour vivre incommodés le moins possible, nous n'avons d'autre moyen que de nous appliquer, autant que nous en sommes capables, à détourner ce qui nous fait mal, pour donner cours à ce dont notre organisation s'accommode. Mais ce résultat ne s'obtient jamais que par une lutte où notre force s'engage. Sur ce même sol qui produit de bonnes herbes, il en croît indifféremment de mauvaises, et pour qu'il n'y en vienne que de bonnes, il faut toujours, selon la juste expression de l'hébreu, que la sueur coule sur le visage de l'homme. C'est sur ce principe essentiel de la destinée terrestre que je veux fixer l'attention.

Je suppose que le mythe hébreu soit littéralement vrai ; qu'un homme, non point un sauvage, moins encore une demi-brute ; que l'un de nous enfin, puisque l'on a généralement coutume de prendre idée d'Adam comme d'un type civilisé, arraché d'une demeure où il avait toujours vécu satisfait et tranquille, soit mis brusquement dans les forêts, nu, sans armes, sans outils, sans toit, privé de toute intervention comme de tout legs de ses semblables, à la merci de toutes les influences d'une nature que rien ne lui a jusqu'alors fait connaître dans ce qu'elle recèle de nuisible, dénué de ces instincts de conduite qui, chez les animaux, suppléent, dès leur apparition dans le monde, à l'expérience qui leur manque, seul, en un mot, sur la terre déserte, avec une femme à protéger : il va paraître évident que ce séjour, pour ce malheureux solitaire, est un enfer, et l'on pourra douter qu'ainsi abandonné, il soit en état de s'y conserver et d'y établir sa race. En effet, à peine y a-t-il mis le pied qu'il s'y voit entouré de piéges que son ignorance l'empêche d'apercevoir, affligé d'infirmités qu'elle l'em-

pêche de guérir, frappé de coups qu'elle l'empêche de pré-
voir et de prévenir. Il n'y a pas une seule des conditions
physiques qui y règnent, qui ne se tourne accidentellement
contre lui et ne lui devienne funeste. Est-ce la gravitation ?
elle l'accable ; par elle, son corps lui est un fardeau dont
rien ne le soulage ; a-t-il marché tout le jour, couru quelque
temps, gravi une montagne, le voilà haletant, fatigué, rendu
et qui plie sous le faix. C'est bien pis, si, habitué à vivre
sur des pelouses toujours unies, et ne sachant pas les lois
de la chute, il se trouve amené sur les pentes de quelque
ravin ou de quelque autre enfoncement, le pied lui glisse,
il tombe, se relève meurtri, et, de faux pas en faux pas,
sur cette terre inégale où il faut avoir appris à marcher,
il va finir à quelque rocher contre lequel la pesanteur le
jette et l'écrase, ou dans quelque eau profonde qu'il veut
traverser, et dans laquelle elle l'enfonce et le noie. Non seulement elle l'incommode par l'insupportable chaîne qu'elle
lui scelle pour ainsi dire à chaque pied, elle lui fait encore
une autre guerre, soit en s'attachant à tout objet qu'il veut
prendre, jusqu'à lui en disputer quelques uns avec une opi-
niâtreté qu'il ne peut vaincre, soit en précipitant sur lui des
masses solides avec lesquelles elle le blesse ou le tue. Enfin,
dans les mouvemens qu'il se donne, dans ceux qu'il veut
communiquer, dans ceux qu'il est exposé à recevoir, ce principe fondamental de l'ordre astronomique lui cause des contrariétés continuelles. La chaleur ne lui est pas plus favorable, car elle ne lui convient que lorsqu'elle est juste à sa
mesure : est-elle trop forte, il ne la peut supporter ; ne l'est-
elle pas assez, le voilà dans le transissement, il frissonne,
il gémit, il souffre affreusement jusqu'à mourir. Ah ! si
chassé de cette demeure toujours tempérée, où il ne con-
naissait ni le froid ni le chaud, il s'est vu tout-à-coup
au milieu d'une campagne brûlée par les rayons de l'été,
ou couverte par la neige et le frimas, que son sort est à
plaindre, que ce nouveau séjour qui s'annonce si durement
doit lui sembler redoutable, et avec quels douloureux transports, quand il y fera la dure expérience de la vicissitude
des saisons, il devra regarder en arrière vers les portes à
jamais fermées du printemps éternel ! Compatissons à son

supplice ; car plus on y pense, plus on y découvre de détails cruels. O terre ennemie, elle désole son corps et ne le nourrit même pas : de l'eau, de l'air, pas le moindre aliment ; et pour se repaître, c'est aux cadavres des autres êtres qu'il est réduit à recourir. Ses organes, au lieu d'aspirer insensiblement leur nourriture dans le milieu qui les baigne, n'y trouvent seulement pas un atome substantiel, et s'il ne veut souffrir de leur dépérissement, c'est avec des choses recherchées qu'il les doit soutenir. Mais, soit qu'il faille se procurer la chair des embryons ou celle des êtres eux-mêmes, quel travail pour mettre la main sur ces œufs et sur ces fruits, pour déterrer ces racines, pour surprendre et mettre à mort ces animaux ! Il me semble voir les deux infortunés, agités par la faim, s'efforçant en vain de l'apaiser avec quelques baies sauvages péniblement glanées parmi ces ronces et ces épines dont toute terre inculte se hérisse, avec quelques bêtes rampantes ramassées avec dégoût et mangées avec aversion, plus encore, peut-être, contraints par une dernière nécessité à brouter en pleurant cette herbe de la terre que l'arrêt de malédiction leur donne pour suprême pâture. Je les vois, sur la fin de leur première journée dans ce monde inhospitalier, épuisés de fatigue et de besoin, les pieds blessés, les jambes déchirées, tout le corps meurtri, tombés sans force et sans espérance sur la terre, et priant Dieu amèrement de les y faire tous deux rentrer. Et pour compléter cette esquisse du mal inhérent à la terre, ne faudrait-il pas y ajouter l'horreur des étrangers pour le phénomène de la nuit, la disparition du soleil, le seul bien conservé de leur ancienne demeure, le triste météore de la pluie qui les surprend, et bientôt les inonde de ses torrens glacés, la lueur effroyable des éclairs, et le bruit du tonnerre, semblable à celui du ciel fracassé, et tombant en éclats ? Ne faudrait-il pas faire comparaître aussi ces légions d'êtres mauvais qui, de tous côtés, dans les bois, dans l'air, dans les eaux, attendent les nouveaux-venus, les uns pour s'acharner sur eux par milliers et les couvrir de leurs cuisantes piqûres, les autres pour leur faire la chasse et leur remplir l'âme de terreur par des clameurs menaçantes, ceux-ci pour leur empoisonner méchamment les plus rians gazons, ceux-là pour leur faire craindre le bord des eaux, tous conspirant avec une férocité particulière à augmenter une torture pour laquelle les forces générales de la nature ne suffisent que trop? Et tout cela n'est rien, cependant, car je n'a pas voulu combler la misère de ce couple malheureux en lui donnant des enfans !

Aussi, indépendamment de toute autre considération, doit-il sembler tout-à-fait improbable que Dieu ait installé la race humaine sur la terre d'une manière si précipitée et avec aussi peu de précaution. Apparemment que les hommes choisis par lui pour vivre les premiers au milieu de circonstances si contraires à la tranquillité de leur existence physique, et par conséquent de leur développement moral, privés, par leur position au sommet de la chaine des générations, de toute ressource de société, de succession, d'expérience, ne jouissaient ni de ces besoins de l'esprit, ni de cette délicatesse d'organisation qui ont caractérisé leurs descendans. Une dureté de corps analogue à celle des animaux leur rendait plus faciles à supporter des souffrances qu'ils n'avaient aucun moyen d'éviter, tandis que des forces instinctives, suppléant à l'insuffisance de leur raison, les guidaient, comme ces autres êtres, dans leurs actions les plus importantes, et assuraient leurs pas à travers les embarras sans nombre de leur séjour. La vie humaine n'a donc pris son essor que graduellement et à mesure qu'en apprenant à vivre ensemble et sur la terre, les hommes sont devenus capables, par leurs progrès dans l'association et dans l'industrie, de se soustraire aux conditions défavorables de la région qui leur est assignée. C'est alors seulement que, fondée sur leur travail, la quiétude de leur existence physique s'est établie, et que leurs qualités supérieures se développant, la vie angélique a commencé son règne sur la terre.

Dès à présent, bien que les hommes n'aient pris possession de la terre que depuis si peu de temps, il est sensible que leurs rapports avec elle, tant en raison des modifications qu'ils lui ont fait subir, que de l'art avec lequel ils savent s'y conduire, ont considérablement changé. Comparé à l'état primitif, dont la triste indigence de quelques peuplades sauvages nous conserve un dernier reflet, l'état des peuples les plus avancés en diffère autant que s'il était d'un autre monde. Au lieu d'une existence troublée par des souffrances et des anxiétés continuelles, ces masses d'hommes commencent à se trouver en position de vivre en paix, même avec satisfaction, et par conséquent de se perfectionner en liberté. Non, sans doute, qu'il n'y ait malheureusement encore par la faute de l'ordre social, même chez les peuples les plus favorisés, de cruelles et nombreuses exceptions. Mais en embrassant la race humaine dans sa généralité, on y voit une conspiration universelle, permanente et déjà en pleine prospérité sur plusieurs points, pour se délivrer successivement de toutes les contrariétés de la terre. On est en marche vers une limite, limite extrême, il est vrai, et purement idéale, où cessant d'être gênés par les conditions physiques dans lesquelles ils sont nés, et prenant tout-à-fait le dessus, les hommes seraient en harmonie à tous égards avec leur planète et n'en éprouveraient que du bien. C'est un sujet dont les conséquences vont loin. Il est donc essentiel de l'examiner scrupuleusement, et c'est ce que nous essayerons de faire en reprenant sommairement une seconde fois, mais d'un autre point de vue, la suite des lois qui régissent la terre, afin de nous assurer, à l'endroit de chacune, des moyens par lesquels l'homme s'affranchit des obstacles qu'elles lui opposent, et des conditions de cet affranchissement.

A commencer par la gravitation, il est certain qu'il n'y a point à dire que l'homme soit parvenu à se délivrer de son obéissance naturelle à ses lois. Son corps est toujours attiré par la terre avec la même force, sans que l'on puisse seulement entrevoir la possibilité de le soulager directement. Il lui faut toujours une base solide, et il est hors d'état de se soutenir ni dans l'air, ni sur l'eau. Aussi la mythologie chrétienne nous donne-t-elle l'idée de la plus grande modification de l'ordre naturel qui se puisse concevoir, lorsqu'elle nous représente le Christ marchant librement à la surface de la mer. C'est ce que ne fera vraisemblablement jamais la chair de l'homme. La pesanteur paraît être une affection invariable de la substance massive, et sur laquelle on ne saurait avoir aucune prise, soit pour en augmenter, soit pour en diminuer l'intensité. De sorte que l'atténuation de la densité du corps, au point de devenir égale à celle de l'air, est encore le moyen le plus simple que l'on puisse imaginer pour que les hommes soient jamais capables de flotter sans effort dans leur atmosphère. Ce ne serait pas une simple transformation de race ; ce serait une métamorphose qui, bien que n'ayant par elle-même, en vue de l'universalité des mondes, rien d'impossible, est du moins, quant à la terre, en désaccord formel avec la nature des corps solides et le principe de l'analogie organique des races. Ainsi, lors même que le changement ne devrait entraîner aucun inconvénient, il ne serait pas même permis de l'espérer pour la race future. Reste donc le développement du principe par lequel les êtres reçoivent naturellement le don de résistance à cette force, comme à toutes les autres ; c'est l'énergie musculaire. On a constaté en effet qu'elle augmente à mesure que le régime s'améliore, et que les peuples sauvages sont inférieurs, à son égard, aux peuples civilisés. Elle varie principalement sous la loi de l'exercice et de la nourriture du corps, par où l'on aperçoit la grande profondeur qu'il y avait dans l'attention avec laquelle les anciens s'appliquaient à perfectionner l'organisation de leurs enfans par la gymnastique et par la danse. Ils accroissaient ainsi la seule légèreté qu'il soit permis à l'homme d'acquérir. Mais quelques progrès que ce mode de résistance à la gravitation puisse faire par la continuité de l'éducation dans la suite des siècles, il ne paraît pas y avoir de fondement suffisant pour refuser de leur entrevoir une limite prochaine, déterminée par les principes mêmes de l'organisation de l'homme, et qui ne pourrait être franchie qu'à condition que ces principes, par une transformation de race, fussent eux-mêmes changés. Ce serait donc une chimère que de se figurer les hommes débarrassés de leur chaîne la plus gênante par le développement de leur force musculaire, et prenant, comme les oiseaux, un essor naturel dans les régions de l'air. Il résulte d'un calcul de mécanique élémentaire, qu'il faudrait leur supposer une force environ cent cinquante fois plus grande que celle qu'ils possèdent dans leur condition actuelle, pour les mettre en état de se soutenir en l'air, tout le jour, par le simple jeu de leurs organes ; degré de perfectionnement qu'il n'y a aucune raison d'attendre, et que le philosophe ne peut même rêver.

Mais, comme il n'y avait rien de considérable à gagner sur le fond même de la gravité, on s'est attaché à ses effets, et c'est où le génie de l'homme triomphe. La terre, dans toutes les directions que l'homme juge convenables, a été égalisée, nettoyée, consolidée ; elle s'est couverte d'un réseau de routes, de chemins, de sentiers, dont le nombre et le bon établissement sont un des plus frappans indices de la prédominance de la civilisation sur la nature. Par cette précaution, la fatigue n'a pas été seulement adoucie ; il s'est trouvé qu'elle était toute détruite, puisque, sans renoncer à se mouvoir, on a pu dès lors se dispenser de marcher. En se créant des demeures mobiles, l'homme a inventé le moyen de se transporter en tous lieux sans mettre, pour ainsi dire, le pied hors de chez lui. Sa locomotion, primitivement si difficile, est devenue plus parfaite que celle d'aucun animal. Rien ne l'arrête, ni les rivières, ni les montagnes, ni les marécages, ni la mer. S'il est pressé, et son but lointain, il va nuit et jour et sans repos. Le voilà même qui prend, pour la vitesse ordinaire de ses voyages, celle dont les plus rapides des quadrupèdes ne jouissent que dans les instans de crise, et qui commence à glisser à la surface de la terre avec une impétuosité sans égale, comme si l'ouragan portait son char. La vaste étendue de l'océan lui est même désormais si familière, qu'il l'habite en quelque sorte comme il habite la terre ; qu'il y fait descendre et y entretient des villes flottantes qui se laissent conduire où il veut, circulant à son aise malgré le vent, se jouant, derrière ses remparts, du vain tumulte des eaux, et obligeant la tempête elle-même à le servir et à prêter main-forte à sa manœuvre. Il n'y a pas jusqu'à l'atmosphère, où, en dépit de la pesanteur, il n'ait déjà réussi à s'élever ; et il est à croire que, son audace se joignant à son désir, on le verra bientôt fréquenter habituellement les nuages. Ainsi il s'est ouvert par son génie toutes les voies ; et, soit qu'il prenne son vol comme les plus hardis oiseaux dans les hautes régions, soit qu'il s'avance à la surface des eaux en répandant l'effroi parmi leurs silencieux habitans par l'appareil et la vélocité de sa marche, soit qu'il roule en souverain sur ses domaines naturels, délivré de la chaîne qui l'étourdissait, il achève tous ces grands mouvemens sans plus de fatigue musculaire que s'il était resté tranquillement assis dans sa maison. Certes, sur tous ces points, la force astronomique est bien vaincue.

Mais il est admirable que l'homme ne soit parvenu à la vaincre qu'en prenant appui sur elle. Ce sont les lois mêmes de la gravitation qui obligent ses aérostats à s'enlever ; ce sont elles qui donnent du lest à ses vaisseaux et les rendent capables de lutter contre les vents et de s'en faire obéir ; ce sont elles qui l'assurent, même sur terre, où, sans elles, ses voitures, privées de stabilité, verseraient au moindre choc, s'emportant d'ailleurs, aussi bien que sa personne elle-même, a chaque souffle de l'air. En se dispensant de la pesanteur, il n'acquerrait donc la facilité de se déplacer qu'au détriment de celle de se conduire, puisque les conditions de son indépendance du plus capricieux de tous les règnes, celui des vents, est justement son obéissance à ce règne invariable. Tandis qu'en y demeurant soumis, son industrie le rend à la fois capable et d'aller où il veut et d'y aller sans fatigue. On sent encore mieux combien cette force, si incommode dans l'institution primitive, rend de bons services dans l'ordre social, lorsqu'on réfléchit à la difficulté qu'éprouveraient les hommes, si la pesanteur n'existait pas, pour faire subir à la surface de la terre des modifications permanentes. Quel système coûteux de constructions ne leur faudrait-il pas inventer pour sceller au sol leurs édifices, qui, dans l'état actuel, y demeurent solidement assis par le seul effet de leur poids ? Ces routes, ces ponts, ces lieux d'habitation, ces monumens dont chaque génération gratifie ses héritières, ces maçonneries de toute espèce qui disposent l'extérieur du globe à la convenance du genre humain, rien de tout cela ne serait sorti de la terre, car rien de tout cela n'aurait pu s'y maintenir. Le vent aurait fait continuellement trembler les villes jusque dans leurs fondemens, et il aurait suffi d'une tempête pour les balayer à travers les champs comme un tourbillon de feuilles. Ainsi, pour peu que l'on considère les choses avec attention, on découvre que, tout en retardant l'homme, la pesanteur est cependant nécessaire à sa marche, et que tout en aggravant les travaux de l'architecture, elle est une des conditions principales de leur réussite. Si bien que par cette contradiction singulière des choses terrestres, elle nous est un auxiliaire comme un obstacle, et une cause de liberté en même temps qu'une cause d'esclavage. Mais domptée successivement partout où elle est incommode, elle tend en définitive, par les progrès futurs du génie industriel de l'homme, à se changer en un bien pur. Il y a du reste une observation astronomique fort simple qui confirme bien, à ce qu'il semble, la généralité de ce caractère d'utilité. En effet, si l'objet essentiel de la pesanteur, dans son rapport avec les populations établies à la surface des astres, est non seulement de leur former des atmosphères suffisamment condensées, mais de leur donner une garantie contre les mouvemens de ces atmosphères, il ne peut manquer d'exister un principe de correspondance entre l'intensité de la pesanteur et celle de ces mouvemens. Or, il est clair que la rapidité des courans atmosphériques, dépendant de la grandeur des astres, se trouve justement liée par une certaine concordance avec la pesanteur qui s'accroît aussi dans le même sens.

Nous voici amenés à ce qui se rapporte à l'étendue et à la configuration superficielle de la terre. Il est évident que si le don de cette planète à la race des hommes n'est pas un vain mot, il faut que chaque homme la possède collectivement tout entière. Or, pendant des siècles, loin d'y jouir de la moindre possession à distance, nos prédécesseurs n'ont pas même eu l'idée de ce qui y existait au-delà des strictes limites de leur voisinage. Ce n'est que d'hier, par l'achèvement presque parfait de toutes les grandes découvertes, que nous sommes devenus capables de nous figurer le globe terrestre dans son entier. Et toutefois, le commerce y est dès à présent si bien institué, que nous tirons indifféremment de toutes les parties du monde ce qui s'y trouve de notre goût. On peut donc dire, sans hyperbole, grâce à ce développement de notre domaine naturel, que la terre est aujourd'hui à chacun de nous. Nous sommes en relations familières avec toutes les contrées qu'elle embrasse, et nous ne pouvons remonter à la source de nos satisfactions domestiques les plus simples sans voir la géographie universelle se déployer devant nous. Nous pêchons autour des deux pôles pour avoir de l'huile ; c'est la Chine qui, après nous avoir communiqué l'industrie de la soie et de la porcelaine, nous donne chaque jour notre thé ; notre poivre vient de la Malaisie ; notre sucre et notre café sont pris aux Antilles, et jusque dans les champs asiatiques ; l'Amérique du Sud nous fournit l'acajou ; l'Amérique du Nord, le coton ; l'ivoire nous reporte en Afrique et dans les presqu'îles de l'Inde ; les zones glaciales de l'ancien monde et du nouveau sont mises à contribution pour nos ornemens de fourrure ; enfin, il n'y a pour ainsi dire pas, à la surface de la terre, un pays si pauvre et si éloigné qui ne fasse quelque échange avec nous ; et nous avons sous notre main, dans chacune de nos villes, des magasins dans lesquels les tributs de toutes les parties du monde sont réunis. Adam ne possédait pas mieux tous les fruits de son fabuleux paradis que nous ne possédons aujourd'hui tous ceux de notre domaine terrestre.

Cette mise en commun de tous les biens ne serait pas encore une correction suffisante de la trop grande étendue de la terre, si nous n'étions en état, à la différence de nos ancêtres, de nous y transporter aisément en tous lieux, et d'entretenir des relations commodes les uns avec les autres tout autour du globe. C'est ce qui résulte naturellement de l'établissement du commerce universel. Il y a un si vif mouvement de correspondance, soit dans l'intérieur des terres, soit de continent à continent, que les lettres et les voyageurs ne font que se croiser continuellement dans tous les sens. En même temps que les transports deviennent plus fréquens et de plus long cours, ils deviennent aussi plus prompts et plus commodes ; de sorte que l'étendue de la terre par rapport à l'homme étant déterminée, non par la proportion de la grandeur du corps humain à la grandeur de la terre, mais par la facilité avec laquelle l'homme,

mesurant le globe avec le compas de ses mains , peut en
toucher alternativement les parties opposées , on se trouve
logiquement conduit à ce résultat remarquable, que cette
étendue , au lieu de demeurer constante , diminue progressivement de jour en jour. Et qui ne voit, en effet, en
se mettant au vrai jour de la géographie, que la terre
est incomparablement plus petite pour nous qu'elle ne
l'était pour nos devanciers, que chaque année, par le perfectionnement des moyens de communication, elle subit une
réduction nouvelle, et qu'elle est destinée à devenir encore
bien plus petite pour nos descendans que pour nous.
Dès à présent même , elle l'est à ce point, que tandis que
les anciens pouvaient admirer la puissance infinie en se
prosternant devant l'immensité de la terre , nous nous
verrions exposés à prendre une médiocre idée de l'œuvre
du Créateur si nous ne devions juger de sa magnificence
que par une demeure où nous commençons à nous sentir à
l'étroit, où les plus longs voyages sont désormais des pro-
menades sur des routes frayées, enfin dont l'exiguïté effraie
déjà les statisticiens pour la postérité. Aussi est-il heureux
que cet air de majesté que la terre a nécessairement perdu
en se laissant connaître, ait été remplacé avec tant d'avantage par les perspectives nouvelles que les astronomes nous
ont ouvertes dans le ciel ; de sorte que tandis que la terre
nous a paru de plus en plus bornée, le monde sidéral, par
une tendance contraire, nous a de plus en plus étonnés par
sa grandeur. Pour trouver la signification essentielle de
l'étendue de la terre relativement à l'homme, il faut donc
voir ailleurs. Et en effet, dès qu'on rapporte cette étendue à
l'ensemble du genre humain, et non plus à l'être particulier,
sa valeur constante se découvre. Que l'on fasse le calcul de
ce qu'il faut à chaque homme de place au soleil, tant pour son
jardin et sa maison que pour les animaux et les végétaux nécessaires à son entretien, on en déduira immédiatement quel
est, au maximum, le nombre de vivans qui peuvent exister simultanément sur la terre. Tel est le sens métaphysi-
que de l'étendue superficielle de la planète sur laquelle nous
sommes. Cette étendue est l'expression de la force numérique virtuelle, et, par suite de l'un des élémens fondamen-

taux de la puissance morale de la société humaine, l'indice du temps d'arrêt qui menace le développement ordinaire des générations, et, en conséquence, le signe certain d'un changement dans les conditions naturelles de la population terrestre, lorsque le genre humain sera au dernier terme que sa prospérité, sous le régime actuel, puisse atteindre.

Après la distance des lieux, les montagnes, les mers, les déserts sont ce qui gêne le plus les hommes dans la libre pratique de la terre. Leur caractère commun le plus essentiel est de rompre la continuité des voisinages. Il résulte de leur interposition que les hommes qui habitent du même côté sont induits à se lier entre eux plus étroitement qu'avec ceux qui habitent de l'autre. Car, bien que les communications directes, en raison de la distance qui est également un obstacle, puissent être quelquefois plus difficiles d'un même côté que d'un côté à l'autre, cependant la contiguïté est cause que tous les habitans du même côté se trouvent en connexion par des communications de proche en proche qui n'existent que pour eux et qui s'évanouissent nécessairement devant tout intervalle désert. L'effet général de ces coupures est donc d'obliger les hommes à se tourner de préférence vers certains centres, et il faut par conséquent les ranger en première ligne parmi les moyens naturels dont la Providence s'est servie pour d terminer, dès l'origine, des noyaux particuliers de formation dans le chaos de l'humanité sauvage. Nous sommes à la vérité hors d'état d'évaluer avec précision leurs avantages, puisque nous ne connaissons ni le meilleur mode de société universelle que l'on puisse concevoir, ni les meilleures combinaisons à suivre pour y parvenir. Mais cependant, comme il est dès à présent hors de doute que l'établissement des nations, à cause des influences et des réflexions réciproques qui en résultent, est un des principes les plus efficaces du perfectionnement général de l'esprit, on ne peut refuser d'admettre que ce qui y a si puissamment contribué ne soit un bien. Il paraît même croyable, lorsque l'on mesure attentivement les conditions du développement politique dans le passé, que le genre humain serait peut-être encore aujourd'hui dans sa confusion primitive, si la terre sur laquelle il a été répandu,

au lieu de s'être trouvée naturellement coupée, eût constitué, avec la même étendue superficielle, une seule plaine.
Ne voyons donc que ce qu'il y a de grand dans les barrières
qui séparent les diverses résidences de notre race, et, en
regard de cette grandeur, méprisons les inconvéniens secondaires dont le commerce peut se plaindre. Ces traits fon-
damentaux de la géographie terrestre qui règlent souve-
rainement l'ordre des peuples viennent de Dieu. Il les avait
marqués, dès le principe, dans la poussière de laquelle devait naître la terre, et dont les tourbillons lui récitaient déjà
l'histoire future de nos sociétés ; et s'il lui a plu de mettre les
hommes dans une maison toute bâtie et que toute leur puissance ne peut changer, c'est que cette maison était bâtie con-
formément à ses desseins sur eux. Sans parler des divisions
secondaires qui ont tant contribué et qui contribuent encore
si efficacement à la netteté des nations, mais qui, n'étant
pas aussi indestructibles que les séparations capitales, ne
jouissent pas d'un caractère aussi absolu, il n'y a point à
douter que ces dernières ne soient en permanence dans la
société générale des hommes jusqu'à la fin. Rien ne fera
que les quatre grands quartiers de la cité humaine ne soient
toujours isolés les uns des autres par les mers qui les divi-
sent, ni que cette discontinuité ne soit toujours un principe
de physionomie particulière pour chacun d'eux. Donc,
puisqu'ils doivent persister jusque dans l'ordre parfait des
temps futurs, leur existence n'a rien de condamnable en soi.

D'ailleurs, qui sait tout le profit dont la masse des mers
sera peut-être un jour la source ? Je ne puis croire que cette
immense partie du domaine de l'homme soit destinée à une
stérilité perpétuelle, et à ne verser jamais d'autre richesse
dans nos sociétés qu'un peu de sel et de poisson. Je me
persuade que c'est la faiblesse de notre esprit et non la par-
cimonie de la nature qui fait la pauvreté de ce vaste territoire, et quand je considère le parti que le Créateur en a tiré
pour l'économie de la terre, je ne puis m'empêcher de penser que le genre humain, devenu plus puissant, en tirera
également parti, à l'exemple de Dieu, pour son économie
spéciale. Indépendamment de la force, aujourd'hui en pure
perte, des vagues et des marées, de quels inappréciables

trésors, l'océan, décomposé en ses élémens primitifs, ne pourrait-il pas nous combler? Quels secrets n'est-il pas susceptible de nous cacher encore? Je ne me suis jamais vu dans ces étranges déserts, lorsque, la terre s'étant éclipsée, on n'aperçoit plus autour de soi que la multitude des flots, sans être profondément frappé de la conviction que je me trouvais là en présence de quelque grand inconnu. En déterminant la ligne de ses rivages, l'hydrographie n'a pas soulevé tous les voiles qui l'enveloppent, et après avoir découvert comment nous pouvons visiter malgré lui tous les lieux de la terre, il nous reste à découvrir par quel art nous pouvons nous servir de lui. Il y a bien d'autres mines que les hommes, dans leur ignorance, ont long-temps frappées du pied, sans se douter que ces substances dédaignées seraient, pour leurs descendans mieux instruits, les sources fondamentales de l'opulence! Plus notre clairvoyance se développe, plus il nous est manifeste qu'il n'y a rien autour de nous qui n'y soit pour nous, et dont notre industrie ne saisisse enfin l'utilité. Outre les biens naturels que nous recevons de l'océan, les nuages, la pluie, l'humidité de l'air, les rivières, outre ceux que nous réussissons déjà à nous y procurer, ne craignons donc point de faire avec confiance, dans cette mystérieuse réserve, une part pour les inventions qu'il faut laisser à l'avenir, et n'ayons pas la témérité de condamner comme incommode et inutile un établissement dont nous ne sommes pas sûrs de savoir le fond. Mais vous, déserts des montagnes, vous qui présidez aussi au partage des nations, vous qui avez aussi votre rôle dans la circulation continuelle des eaux, vous qui nous obligez aussi à nous humilier devant le spectacle imposant de vos grandeurs, combien votre majesté est moins terrible, et combien il est doux à l'homme fatigué de reposer sur vous ses regards! Vous pénétrez les âmes par les secrètes influences d'une terre splendide et qui se métamorphose à chaque pas; vous vivifiez et vous calmez; vous êtes les jardins de la terre. De quelles pures et bienfaisantes jouissances n'êtes-vous pas le principe? Quelles marques vives et éloquentes ne donnez-vous pas de la petitesse de ces idoles que le luxe met en honneur parmi les hommes, lorsque vous étalez devant eux l'immensité de vos perspectives et les masses sévères de vos éternelles pyramides, et que l'on voit, du haut de vos sommets, les fumées des grandes villes s'élever çà et là dans les provinces qui rampent à vos pieds? Quel architecte imiterait jamais votre magnificence, et où y a-t-il des trésors qui la puissent payer? Tous les peuples se donnant rendez-vous au travail ne bâtiraient seulement pas une tour à la hauteur de la plus basse de vos cimes. Les nations antiques, vous mettant à part du reste du monde, vous considéraient comme la seule demeure digne des dieux ; et il semble, en effet, que vos pics, à demi perdus dans les nuages, soient autant de signaux qui sortent de la terre pour enseigner aux hommes le chemin des cieux. Il n'y avait que la nature qui fût capable de rompre la monotonie de notre globe par des édifices tels que vous, et sans nous demander aucun effort, elle nous a ouvert d'elle-même toutes vos portes, comme si elle avait plaisir à appeler les hommes dans ces temples qu'elle s'est construits, et où elle leur apparaît avec tant de puissance et de beauté. Ainsi, dans mon admiration, il ne m'importe plus que vos crêtes soient d'infranchissables murailles, et je vous range hardiment parmi les plus précieux des biens dont le genre humain est redevable à la munificence du Créateur.

J'en viens à la différence des climats et des saisons, à la vicissitude et aux inégalités du jour et de la nuit, qui sont aussi des conséquences de la figure de la terre combinées avec celles de son mouvement. Rien de plus aisé à concevoir qu'une planète sur laquelle la température, égale en tous lieux, serait aussi la même en tous temps, où il n'y aurait pas de nuit, enfin où le soleil, immobile au même point du ciel, ferait régner partout un éternel midi. Il suffirait que la rotation de cette planète lui eût donné la forme d'un disque ou d'un anneau tel que celui de Saturne ; que, placée dans une orbite circulaire, elle fût assujettie à tourner constamment son axe vers le soleil ; de plus, qu'un soleil secondaire lui servît de satellite. Dieu n'aurait qu'à faire jouer quelques astres pour mettre bientôt, s'il le voulait, la terre en cet état, et il n'est pas improbable que, dans l'infinie variété des mondes, il n'y en ait de soumis à ce régime. Mais, je ne crains pas de le dire, à ces mondes toujours en plein soleil et en printemps, je préfère le nôtre; à une condition toutefois, c'est que nous ayons le moyen de nous y garantir sans peine des intempéries et des inconvéniens de la nuit. Peut-être le dégoût que nous avons pour l'uniformité n'est-il au fond qu'une suite de notre imperfection, et peut-être les mondes dans lesquels la nature est constante ont-ils une supériorité essentielle à l'égard de ceux dans lesquels elle est variable. Mais étant tels que nous sommes, il est certain que le changement des circonstances physiques sous l'influence desquelles nous vivons nous est un charme. Ce serait peu de chose, sans doute, et plutôt même un désagrément qu'un avantage, si le changement ne portait que sur la sensation de la température extérieure. Mais d'une saison à l'autre, la terre tout entière se transforme. Il semble qu'un monde nouveau naisse à chaque fois autour de nous, ou qu'entraînés dans un voyage sans fin nous ne fassions que circuler d'une sphère à une autre. L'année est une palingénésie continuelle. Le peuple des végétaux, cette enveloppe vivante de notre globe, à laquelle nous sommes si intimement liés par toutes nos habitudes et tous nos sens, est, par sa stricte obéissance à l'ordre périodique des saisons, dans un état perpétuel de variation. Avec elle varient nos intérêts, nos occupations, nos plaisirs : tantôt le temps des fleurs, tantôt celui des puissantes verdures, tantôt celui des fruits; l'hiver même a sa grandeur, lorsque, la campagne sévèrement couverte de son linceul blanc, les fleuves silencieux et immobiles, les arbres élevant au-dessus de la neige leurs fines ramures, chargées quelquefois des plus éblouissantes broderies, le ciel lui-même devenu plus austère, même dans ses splendeurs, on dirait que la terre s'est momentanément dépeuplée, et que la nature est dans une heure de recueillement. Nos sentimens se ravivent par cette succession; la décoration de notre planète nous charme davantage, et enchaînés aux saisons par mille liens, nous nous laissons aller à les accompagner sans résistance, saluant leur arrivée, acceptant leur fin, ne nous lassant pas de nous réjouir de la nouveauté comme d'un bien.

Il n'y aurait donc pas à redire aux saisons si elles ne s'écar-
taient en rien de ces types divins qu'aiment à représenter les
peintres et les poëtes; si le printemps était toujours riant, l'été
toujours modéré, l'automne toujours riche et sereine, l'hiver
toujours pur ; enfin si, avec tant de diversités, il n'y avait jamais que de beaux jours. Mais combien il s'en faut que la
réalité soit d'accord avec cette régularité idéale ! C'est une
perfection dont on ne jouit nulle part sur la terre, et dont
notre consolation est de rêver l'existence pour des mondes
meilleurs. Le régime auquel nous sommes soumis peut se
traduire par ce seul fait, que nous avons été obligés de quitter le plein air de la campagne pour nous réfugier dans des
lieux plus agréables. La nature terrestre nous est, en effet,
mauvaise hospitalière. Non seulement elle ne nous étale guère
de beautés qui ne soient quelque part gâtées par des laideurs,
mais, sans attention pour nos besoins, après nous avoir un
instant caressés, elle se pousse à des excès que nous ne
pouvons supporter sans douleur, et nous réduit à nous garder de ses injures, tout en utilisant ses bienfaits. C'est à
quoi nous réussissons dans l'intérieur de nos maisons lorsqu'elles sont bien établies. Nous nous y faisons un monde
à part, soumis à nos lois, aussi indépendant du dehors
que nos convenances le commandent, et dans lequel,
bravant les intempéries, nous coulons à notre gré des
jours paisibles. Si l'hiver sévit avec des rigueurs trop
vives, nous contentant d'admirer à travers nos vitres les ta-
bleaux qu'il nous offre, nous faisons régner autour de nous
la température du printemps. Nous nous égayons en repor-
tant nos regards sur nos brillans foyers, et quand la tristesse
et la monotonie de la nature nous fatiguent, nous la laissons
de côté, et nous vengeons de ses disgrâces, soit par l'éclat
et la variété de nos ameublemens et de nos fêtes, soit même
au moyen de ses plus belles fleurs que nous lui enlevons,
et auxquelles il nous suffit de donner asile dans nos
appartemens pour les y voir s'épanouir. Si c'est de l'été que
nous avons à nous plaindre, nous avons des ressources analogues pour nous protéger contre lui. Les arbres nous servent à construire de charmantes demeures, toujours aérées,
toujours ombragées, toujours rafraîchies par les eaux que

nous y faisons jaillir en bouquets sous les charmilles ou ruisseler de tous côtés parmi les pelouses. Prenant la douceur de la verdure, la lumière elle-même s'y tempère, et pour leur embellissement, ouvrant largement la porte à toutes les magnificences de l'été, nous la fermons à tout ce qu'il a d'incommode. Lorsque les ardeurs du soleil sont trop fortes, nous pouvons même les éviter plus sûrement encore dans le sein de nos maisons ordinaires, et nous y défendre contre la chaleur après nous y être défendus contre le froid. Rien ne serait plus facile que d'y avoir constamment à nos ordres la tiédeur légère du printemps, en prenant seulement la peine de tirer de la profondeur des souterrains l'air destiné à remplir nos salles. Bien plus, en imitant l'exemple de la nature dans les glaciers où elle accumule pendant l'hiver pour les dépenses de l'été, nous pouvons, si le contraste nous plaît, goûter à notre aise du froid, et, comme nous nous étions procuré la température de l'été durant l'hiver, nous procurer durant l'été celle de l'hiver. Enfin, nous pouvons hardiment nous dire maîtres chez nous des saisons. Nous y sommes également les maîtres du jour et de la nuit. Peu nous importe à quelle heure le soleil, donnant à la nature le signal de se réveiller ou de s'endormir, se lève ou se couche ; nous avons su nous faire un jour et une nuit, réglés, non sur l'ordre des astres, mais sur celui de nos affaires et de nos divertissemens. Tandis qu'à l'entour de nos maisons, le monde est dans l'obscurité, leur intérieur est inondé de lumière. Par leur éclat, par leur symétrie, par leurs supports étincelans, les flammes qui la versent nous composent un ornement nocturne qui nous dédommage amplement par son faste de la disparition du soleil, et a ce point que, loin de nous en affliger, nous serions plutôt portés, dans notre satisfaction de nous-mêmes, à nous en réjouir. Mais dès que nous mettons le pied hors de ces mondes particuliers que nous avons eu l'industrie de nous créer, notre empire s'en va, et nous retombons sous la tyrannie de la nature. Il nous reste encore quelques ressources, soit contre la nuit, soit contre l'insubordination des saisons. Nous avons nos enveloppes, dont les unes, toutes légères, nous abritent seulement contre les rayons du soleil, dont les autres, plus épaisses, nous garantissent du froid ; nous pouvons marcher accompagnés de flambeaux qui, dissipant autour de nous l'obscurité, suffisent pour éclairer nos pas ; nous pouvons même ne sortir qu'en voiture, conservant ainsi dans nos déplacemens les avantages essentiels de nos intérieurs, et obligeant en quelque sorte nos maisons à aller elles-mêmes où il nous plait. Enfin, à la rigueur, en utilisant la faculté des voyages, nous pourrions trouver moyen de nous affranchir tout-à-fait de la vicissitude des saisons, en leur opposant la différence des climats. N'est-ce pas ce que font sous nos yeux les oiseaux, qui, au lieu de vivre toute l'année au même lieu, passent périodiquement d'un lieu à l'autre, choisissant les pays froids pour leur demeure d'été, et les pays chauds pour leur demeure d'hiver? Ainsi pourrions-nous faire à leur exemple, grâce à notre puissance de locomotion devenue égale à la leur ; comme eux, habitant vraiment la terre de même qu'une maison, et y circulant régulièrement, selon les lois de l'année, de nos appartemens d'hiver à nos appartemens d'été. Ainsi font en effet les nomades et ceux que leur condition n'attache à aucune place. Mais ces voyageurs sont des exceptions. Les sociétés ont des liens qui les fixent à demeure sur le sol qu'elles occupent ; et lors même qu'elles seraient en état d'exécuter sans trop de peine de telles migrations, elles seraient obligées d'y renoncer et de se résigner aux inconvéniens des saisons, car elles ne sont point comme les oiseaux, qui prennent à leur gré leur volée parce qu'ils sont sans patrie et portent avec eux tout leur bien.

Toute notre industrie ne saurait donc empêcher que, si nous ne voulons renoncer à jouir de toute l'étendue de notre territoire, il ne faille nous résoudre à endurer, au gré de la nature, le froid et le chaud. C'est une des fatalités de notre séjour actuel, et il ne paraît pas que notre puissance soit jamais capable de s'agrandir assez pour la réprimer tout-à-fait. Malheur pour toujours à ces climats excessifs dans lesquels, à un hiver atroce, succède régulièrement tous les ans un accablant été ! Qui pourrait imaginer, sinon en rêverie, leurs habitans, maîtres du soleil et des mouvemens de l'air, détournant à volonté de leurs champs, tantôt les vents glacés, tantôt les vents brûlans, et renversant ainsi les lois astronomiques du globe pour lui en imposer d'autres à leur gré? La constitution fondamentale de la terre ne nous laisse donc d'autre parti que de choisir entre deux esclavages : l'esclavage des saisons, ou l'esclavage du logis. C'est celui des saisons que, tout pesé, il faut prendre; et, pour l'alléger, le plus sûr est encore de nous y habituer, de nous faire une force d'insensibilité supérieure à toute intempérie, et, ne pouvant changer l'organisation de la terre à cet égard, de nous changer, autant que possible, nous-mêmes. Et toutefois, comme toutes nos affaires, hors de nos domiciles, ne nous appellent pas nécessairement dans la campagne; comme les voies publiques sont, aussi bien que nos appartemens, un terrain limité dont la fréquentation est continuelle; comme il existe enfin un intermédiaire entre nos possessions domestiques et celles où nous ne pouvons songer à dompter aussi absolument la nature, il est certain que nous aurions du profit à prolonger davantage nos toits autour de nos maisons. Ne pouvant prendre sur la nature de régler nous-mêmes le temps dans nos campagnes, nous devrions être en état de le régler du moins dans nos villes, et d'y vivre partout avec la même indépendance que nous avons chez nous. Le vent, la pluie, le soleil, ne devraient y donner que de l'aveu de nos architectes; l'air, échauffé ou refroidi, selon les saisons, par son passage dans les régions souterraines, devrait y circuler méthodiquement et en balayer tous les miasmes; enfin, nous devrions y entretenir avec les mêmes soins que nous jugeons nécessaires dans nos intérieurs, la douceur de température, la salubrité, la netteté. L'imperfection de nos villes montre combien nous sommes encore pauvres et mal policés, et la postérité s'étonnera qu'aussi recherchés dans nos constructions domestiques, nous ayons pu nous contenter de constructions civiles si grossières. Depuis quelques siècles cependant les nations d'élite ont fait à cet égard de grands progrès. Les voies publiques asséchées et raffermies, le régime des eaux savamment administré, les lieux de réunion mis à couvert ou agréablement plantés, la ventilation facilitée, sont des améliorations sensibles de notre vie extérieure. Dès à présent, il n'y a pas une ville digne de ce nom où l'on ne soit maître de la nuit. Cette seule conquête est immense. Elle en appelle bien d'autres dont elle est le prélude, que le développement simultané de l'esprit d'association et de la délicatesse du goût déterminera peu à peu, et qui ne contribueront guère moins à l'accroissement de notre liberté sur la terre.

Je crois que l'on peut établir en principe que les excès de la température nuisent encore moins à notre existence en plein air que la pluie. Rien n'est plus insupportable pour nous que ce météore qui change subitement toutes les conditions, non seulement de l'atmosphère, mais du sol. Il faut l'avoir enduré durant de longues marches, en hiver, sur des terrains glissans, pour se faire une juste idée de son importunité. Il n'y a pas de vêtemens qui en garantissent commodément, comme il y en a qui garantissent du froid et du soleil, et encore ces vêtemens ne répondent-ils qu'à une partie des inconvéniens dont il est cause. Il voile la lumière du ciel, il change la terre en une sorte de marécage, il noie toute la nature dans la tristesse, il va même jusqu'à nous attaquer par la mélancolie en même temps que par la gêne et le malaise qu'il nous impose ; enfin son caractère fâcheux se marque assez en ce qu'en tous pays c'est la pluie qui signifie le juste opposé du beau temps. Ainsi, quoique la pluie soit un bien pour l'atmosphère qu'elle humecte, pour le sol qu'elle empêche de se mettre en poussière, pour la circulation des eaux qu'elle alimente, pour la végétation qu'elle garantit de la sécheresse ; quoique l'homme en profite indirectement de toutes ces manières, elle lui est cependant, dans son engagement immédiat avec lui, un véritable mal. Du reste, elle a été un des principaux moyens qui l'aient contraint à laisser la vie sauvage pour embrasser la vie domestique. C'est contre elle que se sont élevés les premiers toits. Si la destinée de la terre était d'être une demeure toute agréable, la pluie y tomberait sans doute suivant un tout autre ordre qu'il est facile de concevoir, et qui, sans nous priver d'aucun avantage, nous ôterait tous les ennuis qu'elle nous cause. Il suffirait que,

se réglant sur la convenance des saisons, et toujours mo-
dérée dans son développement, la pluie fût liée de telle
manière à la nuit qu'elle ne se produisit qu'aux heures où
les habitans de la terre, retirés dans leurs maisons, jouissent du repos, et ne s'inquiètent pas de ce qui se passe dehors. Mais tel n'est point l'ordre de ce monde-ci. La pluie y
tombe le jour comme la nuit, trop abondante aux époques
où elle n'est pas utile, et trop rare, au contraire, à celles
où elle l'est ; en un mot, tout au rebours des lois que nous
lui dicterions si nous étions ses maîtres. Il y a des pays dans
lesquels elle se soutient sans interruption durant des mois
entiers, leur donnant une mauvaise saison mille fois plus
incommode, malgré la tiédeur de l'air, qu'un pur hiver. Il
y en a d'autres dans lesquels, loin d'avoir à se plaindre de
sa régularité, c'est au contraire par son dérèglement que
l'on est le plus contrarié. On n'y peut compter d'avance sur
le temps, pas même pour le lendemain, pas même, bien
souvent, pour le seul intervalle de la journée. Le beau et
le mauvais temps y sont à la merci du vent, et le vent y
est si variable qu'il y est le symbole de l'inconstance. Enfin
on y vit, touchant l'état prochain de l'atmosphère, dans
une incertitude perpétuelle, et dans toutes les affaires du
dehors on est obligé d'aller là-dessus à l'aventure. Ce dé-
réglement de la pluie s'ajoute à toutes les autres vexations
dont elle est le principe, et les aggrave à ce point, que, si le
calendrier pouvait nous prédire le temps comme il nous
prédit les événemens planétaires, nous finirions vraisemblablement par composer sans trop de difficulté avec la
pluie, même dans les climats qui y sont le plus sujets ; tandis
que, dans l'ignorance où nous sommes, nous ne saurions
éviter d'être dérangés à chaque instant par les surprises de
ce fatal météore. Il nous est impossible de prendre jour
pour une promenade, pour une partie de campagne, pour
une réunion quelconque en plein air, sans nous exposer à
des mécomptes, si nous avons eu la hardiesse d'espérer un
ciel favorable. Quel obstacle n'en résulte-t-il pas pour l'institution des cérémonies et des réjouissances publiques ? Il y
a tant de mauvaises chances contre elles, même dans les plus
agréables saisons, que l'on n'est jamais sûr que la pluie ne

viendra pas jeter le trouble dans leur joie, rompre la convocation, et nécessiter l'ajournement. La séduisante religion des anniversaires est soumise ainsi à toutes sortes de difficultés; le ciel ne consent à lui sourire que par occasions, et il n'y a moyen de célébrer Dieu en commun, à jour fixe, que si l'on est en mesure de prendre abri sous un ciel élevé de main d'homme. A la vérité, il est juste de reconnaître que l'architecture, sans ces disgrâces de la nature terrestre, n'aurait jamais atteint les proportions sublimes qu'elle a prises, surtout dans les climats les plus exposés à la pluie. C'est presque toujours en vue des grands toits que les grands édifices se sont faits. A force de génie et de patience, les hommes ont su se créer, malgré les intempéries, la liberté de leurs rendez-vous politiques et religieux, et en s'assemblant ainsi à couvert, ils ont été conduits à se donner mutuellement une marque d'autant plus éloquente de leur communauté, qu'à la majesté des foules s'est trouvée jointe celle des voûtes érigées à leur intention. Mais cette magnificence n'est, au fond, qu'une protestation du genre humain contre la terre; les temples lui inscrivent au front sa condamnation; et c'est en effet un signe bien considérable de sa méchanceté, que les hommes, quand ils veulent se mettre convenablement en communion devant Dieu, soient obligés de se séparer de la demeure dans laquelle il lui a plu de les faire vivre, pour se loger momentanément dans une résidence meilleure.

Pour perfectionner, à l'égard de la pluie, les conditions de notre existence, le parti le plus héroïque serait, à coup sûr, de nous emparer de la direction de ce capricieux météore. Mais il n'y a qu'à considérer la grandeur des principes qui le règlent, l'Océan, la chaleur solaire, la figure et la rotation de la terre, pour entrevoir aussitôt toute l'ambition de l'entreprise. Les courans de l'atmosphère sont des forces astronomiques avec lesquelles il n'est pas vraisemblable que la nôtre soit jamais capable de lutter, et l'on peut croire qu'il n'y aurait guère moins de chimère à vouloir maîtriser les vents qu'à vouloir maîtriser le flux et le reflux de la mer ou les librations de la lune. Cependant, si l'on réfléchit à l'action capitale de la chaleur sur ce météore, et a ce que, dans l'état présent, il n'y a que celle du soleil qui y ait de l'influence, on devra sentir que les mouvemens de l'atmosphère ne sont pas aussi essentiellement indépendans de notre industrie que ceux des astres. Il nous suffirait en effet de faire jouer de quelque manière la chaleur de la terre pour susciter au soleil, au moins dans notre atmosphère, une puissance capable de le troubler dans sa domination absolue, et pour causer par conséquent une révolution dans l'ordre actuel des vents et des nuages. Mais on se convaincra aussi, par ce même enchaînement de réflexions, que c'est seulement à la condition de pouvoir manier à son gré une arme aussi prodigieuse que la chaleur planétaire, que l'homme pourra jamais se faire maître dans ce domaine. Le parti le plus sage serait donc, sans refuser à l'imagination aucune des glorieuses perspectives par lesquelles elle peut chercher à se faire jour vers la terre future, de se résigner, dans l'expectative, à l'établissement actuel, en ne se proposant que d'en déterminer les lois. Mais cette détermination, qui par la prescience des variations de l'atmosphère assurerait un si précieux développement à notre liberté; qui, enrichissant la géographie générale d'une donnée capitale qui lui manque, lui permettrait de comparer rigoureusement, par rapport au climat, tous les lieux, et de servir ainsi de flambeau à la géographie politique; qui changerait cette terre où, physiquement, nous vivons, à proprement dire, au hasard, et trop souvent à contre-sens, en une demeure dont nous aurions du moins la ressource de savoir la règle; cette détermination, qui mettrait d'un seul coup à néant tant d'incertitudes et de déceptions, paraît contrariée, de son côté, par des difficultés dignes par leur étendue d'être mises en parallèle avec ses avantages. Ici, toutefois, les travaux desquels résultera ce progrès, si jamais, pour le bonheur de notre postérité, il s'effectue, peuvent dès à présent commencer. Ce ne serait pas une médiocre avance, pour ce changement si désirable dans la condition du genre humain, que de posséder, quelque vulgarité qu'il semble y avoir dans cette étude, l'état journalier des girouettes sur toute la surface de la planète. Sans doute cela ne suffirait pas, puisqu'il y faudrait pouvoir joindre l'état et la vitesse des

nuages, à toutes hauteurs, à tout instant, et en tous lieux,
sur mer comme sur terre. L'universalité des observations,
à cause de la connexion météorologique qui existe entre tous
les pays, est, aussi bien que leur continuation durant un intervalle de temps assez long, une des conditions nécessaires
du succès. A moins de ces longs efforts, la science n'a donc
point à essayer de surprendre la nature dans son secret, ni de
l'empêcher de nous causer à l'avenir tous les contre-temps
avec lesquels elle nous afflige aujourd'hui. Mais en attendant que l'esprit humain ait amélioré par cette difficile, bien
que légitime conquête l'existence terrestre, le meilleur remède, pour la soustraire autant que possible à tous les troubles de cette espèce, est de poursuivre le perfectionnement
de nos maisons, de nos lieux publics, de nos voitures, de
nos vêtemens. Et d'autant plus que si nous devons jamais
parvenir à la prescience des intempéries, ce ne sera que
pour être mieux avertis de nous prévaloir contre elles de
tous les moyens de garantie que nous aurons inventés.

Telles sont les ronces et les épines que fait germer la terre ;
les ronces avec lesquelles elle embarrasse l'homme dans ses
mouvemens ; les épines avec lesquelles elle le menace, le
tourmente, et empêche son esprit de demeurer en repos.
L'homme les arrache ; mais il ne semble pas que son industrie puisse jamais se développer assez pour qu'il puisse
tout arracher, surtout pour qu'il puisse rien extirper si profondément que cela ne revive et ne veuille être arraché encore. Au fond, la nature terrestre demeure constante, ou du
moins ses variations, qu'il faut tant de raisonnemens pour
découvrir, sont à peu près indifférentes à notre égard. Si
donc il se produit du changement dans les rapports de la
terre avec l'homme, ce ne peut être que par le changement
des qualités de l'homme. Mais je veux voir maintenant
quelles sont ces herbes de la terre dont notre race est con-
damnée à se nourrir.

C'est un grand sujet de réflexion que de tant de milliers
d'espèces d'animaux et de végétaux qui pullulent à profu-
sion autour de l'homme, il n'y en ait qu'un si petit nombre
qui lui serve, et qu'encore ces espèces d'élite soient, dans
l'ordre naturel, si parcimonieusement répandues. Je me

représente que tout l'effet des travaux soutenus durant tant de siècles pour la culture du sol et la multiplication des animaux domestiques venant tout-à-coup à disparaître, la surface de la terre, dans toute son étendue, retourne à sa virginité prim'tive, quelle effroyable calamité pour les peuples que cette restauration de la nature ! Je crois qu'il ne faudrait pas huit jours pour que le genre humain, surpris de la sorte au milieu des forêts ressuscitées, diminuât au moins des trois quarts. Et en supposant même que la disette, rétablissant l'équilibre, eût enfin achevé de mettre le nombre des vivans en harmonie avec la quantité de nourriture qui se produit librement sur la terre, quelles difficultés de tout genre pour ramasser à l'aventure, dans leur dispersion, ces rares et misérables objets de subsistance ! Si le genre humain trouve de quoi vivre dans la demeure qui lui est assignée, c'est donc par l'effet de l'ordre particulier qu'il a su y instituer, et non point en vertu des bonnes dispositions de la nature. Ce qu'il reçoit d'elle est peu de chose en comparaison de ce qu'il l'oblige à lui donner, et l'on peut dire que, féconde à contre-cœur, tous ses bienfaits, sauf bien peu d'exceptions, sont forcés. Il a fallu que l'homme cherchât et déterminât lui-même les espèces qui convenaient le mieux à ses besoins. Et si, au lieu de demeurer clairsemées et à demi perdues dans l'exubérance des espèces nuisibles et inutiles, comme dans l'institution naturelle, elles ont pris le dessus sur toutes les autres, c'est lui seul qui en est cause. Il a même dû les modifier de manière à développer leur saveur et leur succulence, et en se chargeant lui-même du soin de leur propagation et de leur entretien, il leur a donné tant d'avantages qu'elles ont fini par remplir toute la campagne. Enfin, autour de lui, comme dans un paradis terrestre, il n'y a pour ainsi dire plus rien qui ne relève de lui. Là, à perte de vue, des sillons, des prairies, des vignes, des vergers; là, des compagnies d'oiseaux, des ruches, des viviers; là des troupeaux de toute sorte. Il semble, à voir les champs si bien fournis, que l'homme n'ait qu'à étendre la main devant lui pour avoir de quoi se nourrir; et même, s'il y a quelque objet de son goût hors de son voisinage, le commerce est aux aguets pour le lui présenter sitôt qu'il le demande.

Mais pour assurer la prédominance à ces bonnes espèces, il est rigoureusement nécessaire qu'il les prenne sous sa tutelle et combatte en leur faveur, autant que possible, les lois de la nature. C'est lui-même qui doit nettoyer le sol et le disposer à se prêter mollement aux racines ; c'est lui qui doit opérer le dépôt de la semence ; qui doit s'opposer aux végétaux ennemis qui voudraient faire invasion et opprimer ceux qu'il protège ; qui doit présider à l'irrigation et à la nourriture de ces derniers ; qui doit même, s'ils sont délicats, les protéger par des abris convenables contre les vivacités du froid et du soleil. C'est pour eux, c'est pour les servir, c'est pour les récolter, c'est pour leur préparer des sillons, qu'il est obligé de passer une partie de sa vie en plein air, et de braver, hors de sa demeure, toutes les intempéries des saisons. Les animaux qu'il administre ne lui donnent pas moins de mal. Il y en a pour lesquels il est forcé d'avoir presque autant d'attention que pour lui-même ; il faut qu'il les mène et les surveille ; qu'il leur bâtisse des maisons ; qu'il leur cultive et leur emmagasine les plantes dont ils ont besoin ; enfin, que les retirant du règne dur et sévère de la nature, il les fasse vivre dans sa propre hospitalité. Heureux quand la nature, suivant un cours tranquille et acceptant avec docilité les réformes qu'il lui impose, ne se révolte pas contre cette usurpation par de soudaines violences, comme pour marquer, en éclatant ainsi, que sa soumission n'est qu'apparente, et que sa force est toujours la souveraine ! L'homme, en effet, n'a devant elle aucun moyen certain de garantie. Tantôt ce sont des pluies excessives contre lesquelles il est sans ressource, tantôt des débordemens de rivières, tantôt des sécheresses, tantôt la grêle, tantôt la gelée, tantôt les épidémies, tantôt même l'incendie ; car l'ordre des élémens est si hasardeux sur la terre, qu'il n'y a presque aucune de nos créations qui n'y coure la chance de prendre feu, cette atmosphère où nos poumons doivent puiser la vie étant toujours prête à se tourner contre nous et à faire sa proie de ce que nous possédons. Adieu alors le fruit de tant d'industrie et de labeurs ; les champs sont dévastés, les troupeaux sont enlevés, et l'homme, menacé des horreurs de la famine, erre avec désespoir dans ces campagnes sur lesquelles la nature vient de ressaisir momentanément son empire. Ainsi, pour obtenir ce que son organisation lui rend indispensable, l'homme est obligé d'être constamment en éveil, et malgré sa sollicitude, il n'a pas même l'assurance de réussir. Que de choses Dieu n'a-t-il pas gardées dans sa main ! L'ouragan, la foudre, les tremblemens de terre sont à lui seul comme la mort. Non seulement donc tout ne nous est pas utile dans notre demeure présente, mais d'indomptables puissances y sont en action contre nos créations, contre nous-mêmes, et nous rappellent cruellement que si, sur certains points, il existe entre notre nature et la nature de la terre une harmonie calculée, notre destinée n'a cependant pas voulu que cette harmonie fût parfaite.

Ainsi, combien s'en faut-il que tout ce qui vit sur la terre y vive à l'intention de l'homme ! Loin que, dans cette étrange réunion, il y ait une convergence aussi régulière de toutes les espèces vers celle du sommet, ce n'est que par une lutte assidue contre l'institution naturelle que cette espèce est parvenue à en attirer à elle quelques unes. Pour quel motif des millions de races diverses, et entre les destinées desquelles il ne se voit rien de commun, sont-ils ainsi rassemblés dans le même séjour? Le mystère est profond; mais, quelle que soit, en Dieu, la raison d'un rapprochement que notre intelligence ne peut comprendre, cette raison est tout autre, on peut l'affirmer, que le service du genre humain. Non seulement les espèces utiles à son entretien ne sont qu'une fraction presque insensible de ce nombre immense, mais encore n'en tire-t-il ce qu'il lui faut qu'en modifiant lui-même, en vue de sa personne, leur essence, et en leur créant des conditions nouvelles d'existence. A mesure que sa clairvoyance se développe, il entrevoit, il est vrai, des ressources imprévues dans des espèces qu'il avait jusqu'alors jugées indifférentes. Mais, de quelques végétaux qu'il parvienne à enrichir encore ses champs et ses jardins; de quelques animaux, transformés par sa discipline, qu'il imagine d'accroître ses basses-cours, ses haras, ses troupeaux ; enfin, sans les nommer, quelques acquisitions qu'il lui reste à faire dans

le monde sauvage, on ne peut douter qu'il n'y ait une limite
à laquelle il doive s'arrêter, et qu'il ne lui soit par conséquent interdit de tenir jamais sous sa main et pour son
bien, tout ce qui existe autour de lui sur la terre. Ne serait-ce
que ces armées de mollusques et de zoophytes qui habitent
dans les incultures de l'océan, une fraction considérable de
la population co-planétaire semble trop étrangère à l'homme
pour ne pas conserver à perpétuité son indépendance native.
Il est même presque évident que, pour achever de nous établir convenablement sur la terre, nous n'avons pas moins
de races à en éliminer qu'à y soumettre. Et la palœonto-
logie d'ailleurs nous enseigne que la puissance créatrice se
témoigne en faisant disparaître les anciennes races comme
en en faisant paraître de nouvelles. Mais, quelle que soit
l'opinion sur ce point particulier où l'on ne peut rien affirmer sans témérité, puisque notre ignorance est la seule
chose que nous y connaissions avec certitude, lors même que
l'on voudrait que la fin de toutes les espèces qui sont sur
la terre, même de celles qui y ont précédemment été, soit
en définitive l'utilité future du genre humain, cela n'est
rien, et l'essentiel est ceci : Que l'homme, quel que soit son
développement intellectuel, sera toujours lié à certains êtres,
principe fondamental de sa nourriture et de son entretien,
et qu'une partie considérable de son temps devra toujours
se passer dans les champs, en guerre contre la nature, afin
d'assurer, malgré ses influences, à ces êtres nécessaires, la
possession de la terre.

C'est là ce qui constitue le travail principal de l'homme
sur la terre. Si l'on pouvait embrasser d'un seul coup d'œil
tout ce qui se fait à sa surface, on apercevrait que les mouvemens que se donnent chaque jour, en tant de pays divers,
ses habitans de toute espèce ont presque uniquement pour
but la recherche des objets de subsistance, et que les hommes, considérés dans leur ensemble, ne diffèrent guère des
animaux sur ce point-là. C'est la difficulté de nourrir leurs
corps qui leur emporte le plus de temps, et tant de soins de
tout genre qu'on leur voit prendre s'y rattachent. Non seulement ils sont contraints par la faim et par la stérilité naturelle de leur planète à consacrer à cette occupation la

majeure partie de leur vie, mais cette occupation, si misérable en elle-même, n'a rien d'agréable pour eux. Les choses, loin d'être ordonnées de manière à ce qu'elle soit une jouissance ou un divertissement, le sont de telle sorte qu'elle est une peine véritable, et qu'elle exige à elle seule plus de dépense de force musculaire que ne le font ensemble toutes les autres occupations que notre condition nous impose. C'est elle qui fait couler sur le visage humain cette éternelle sueur dont il est question dans l'hébreu. Bon gré mal gré, sous peine de mort, il faut nous résoudre à la verser, car c'est de quoi nous vivons; et si nous regardions bien à ce que nous mangeons, nous verrions que c'est tout imprégné de sueur d'homme. Combien il s'en répand, en combien de lieux, sur combien de fronts, dans combien d'opérations différentes, pour la création d'un seul morceau de pain, cela étonne quand on y pense en détail, et on y découvre bien vivement le triste état de l'homme sur la terre, qui ne peut se soustraire au tourment de la faim qu'en se tourmentant lui-même de tant de manières. Commençons par celui qui laboure le sol après l'avoir péniblement défriché; voyons celui qui a arraché de la terre, pour le livrer à la forge, le fer de la charrue; celui qui marche dans les sillons pour les ensemencer, celui qui fait la moisson, celui qui fait le battage ou la mouture, celui qui pétrit avec tant d'efforts et de doléances, celui qui veille pour entretenir le feu et diriger la cuisson. Et, maintenant, ne faudrait-il pas se tourner vers le four et appeler ceux qui ont extrait la pierre, la brique, la chaux; ceux qui ont assemblé et mis en place ces matériaux; les bûcherons qui sont allés couper le bois dans les forêts; les voituriers et les bateliers qui l'ont amené, et avec ces gens-là, tous ceux qui ont dû travailler pour eux, tandis qu'ils s'acquittaient eux-mêmes de ces tâches particulières! Enfin, voilà toute une multitude en haleine pour cette seule bouchée, et en faisant l'analyse de toutes les sueurs qu'elle a causées, et dont elle est en quelque sorte l'essence, nous y trouvons tous les métiers. Que serait-ce donc si, au lieu de me borner à un pauvre morceau de pain, le strict remède contre l'inanition, j'avais considéré ce qui nous est nécessaire pour un repas convenable! Je ne voudrais pas, même à la table la plus frugale, éveiller l'idée des fatigues, des épuisemens, des dangers de tout genre endurés sur terre et sur mer, même dans les profondeurs souterraines, pour produire ce peu d'aisance et de bonne chère qui s'y trouve, de peur d'y étouffer la joie, d'y faire paraître abominable la délicatesse la moins recherchée, et devant les saisissantes images des souffrances physiques et morales dont on y savourait étourdiment les fruits, d'y faire tomber des larmes de compassion et de découragement parmi les coupes. Ainsi, la misère de notre condition est partout. Nous réunissons-nous pour nous égayer un instant en respirant la vie en commun, cette misère est là, au milieu de nous, qui se cache, d'autant plus grande qu'il y a plus de richesse dans le service, et si nous ne la voyons pas, c'est grâce à la légèreté de notre esprit, et parce que nos yeux ne veulent toucher que la superficie des objets. Mais partout où le luxe nous sourit, ôtons le masque, et nous verrons dessous des visages qui pleurent.

En effet, ce n'est pas seulement pour nourrir son corps que l'homme est obligé de pâtir ; il est obligé de pâtir de la même manière pour se préserver de tous les autres inconvéniens du séjour terrestre. La nature n'y obéit nulle part à sa voix, et il n'en obtient rien qu'en lui faisant violence. Il est donc forcé, s'il veut lui imposer quelque changement, de s'y prendre de vive force, de soutenir une guerre, de se fatiguer, d'entrer de lui-même dans le mal-être. Ce n'est qu'avec cette peine volontaire qu'il se délivre des peines naturelles auxquelles sa présence sur la terre l'expose, et s'il parvient à s'y procurer quelque aisance, c'est toujours avec son labeur qu'il le paie. Ainsi le travail est sa rançon, et il ne se peut racheter qu'à ce prix. S'il veut communiquer, malgré l'obstacle de la distance, avec les pays lointains, en évitant la perte de temps et la souffrance qu'une longue marche lui causerait, il faut qu'il se rachète en travaillant pour établir des routes, pour construire des voitures, pour nourrir et entretenir des chevaux ; s'il veut traverser la mer, il faut qu'il se rachète en bâtissant des vaisseaux ; s'il veut se préserver du froid, de la pluie, des incommodités de toute espèce qui font de l'atmosphère un lieu d'affliction, il faut encore qu'il se rachète en s'appliquant, soit à fabriquer des vêtemens, soit à rassembler les matériaux avec lesquels la chaleur et la lumière se produisent, soit enfin, chose si coûteuse, à édifier des maisons. Combien son génie est donc au-dessus de sa puissance, puisqu'il y a une telle opposition entre la facilité avec laquelle il conçoit la manière de corriger la nature et la peine avec laquelle il la corrige effectivement. Aussi, pour apercevoir la grandeur du genre humain, vaut-il bien mieux jeter les yeux, comme nous le faisions tout à l'heure, sur les résultats généraux de ses inventions que sur son activité. Celle-ci, par la monotonie et la puérilité des opérations manuelles, par la médiocrité des effets, par le déplaisir et la lassitude dont elle est presque toujours accompagnée, n'est-elle pas digne de pitié? On ne peut s'empêcher de prendre une bien pauvre idée de la vertu créatrice de l'homme, quand, au lieu de le contempler, la lutte achevée, jouissant en paix du fruit de sa patience, et triomphant majestueusement de la nature partout où elle l'avait menacé, on le suit à la tâche, et qu'on le voit piochant, creusant, portant des fardeaux, tournant des manivelles, haletant, mal à l'aise, aspirant à l'heure où il se reposera, trempant la terre de ses sueurs tout le jour pour y faire en définitive si peu de chose qu'il suffit de s'éloigner de quelques pas pour que cela ne paraisse déjà plus. Et c'est, en effet, une suite et en même temps une marque bien manifeste de l'imperfection de son état présent, que cette difficulté qu'il éprouve à se rendre maître de la nature dans les moindres objets. Ce n'est qu'avec le temps, au moyen de toutes sortes de ruses et d'artifices, après s'être mis en ligne avec ses semblables, qu'il vient à bout de ce qu'il veut. Il ne manœuvre pas autrement qu'une fourmi, et sa persévérance avec son adresse valent mieux que ses muscles. Quelle misérable chose que son corps si l'on y cherche un instrument de création! Sa destinée est de transformer la surface du globe pour l'accommoder à ses besoins, d'y découper les montagnes, d'y asseoir les rochers dans un autre ordre, d'y tailler aux rivières de nouveaux lits, et il n'est pas même organisé de manière à creuser avec ses ongles dans la poussière. Il n'est en état par lui-même ni de tran-

cher, ni de frapper de grands coups, ni de manier et de déplacer les lourdes masses, et cependant il faut qu'il exécute
tout cela. Il faut que, sur tous les points par où la nature
le touche, il s'engage contre elle, et il est sans armes, presque sans force. Qui ne conviendrait que la loi à laquelle il
se trouve livré sur la terre est une loi sévère? Et comment
ne serait-il pas soumis à une fatigue continuelle quand il a
tant à faire avec un bras si faible?

Cette obligation ne serait encore, j'ose le dire, qu'un
demi mal si l'homme était certain de se procurer, en y sa-
tisfaisant, toute l'aisance dont il est possible de jouir sur la
terre. Ceci est une autre question en effet. Il est constant
qu'il y a des moyens de remédier à chacun des inconvéniens de la nature, et que les hommes, en combinant leurs
efforts, sont en état d'assurer ces réformes, mais il reste
à savoir si ce qu'un homme peut verser de sueur suffit
pour payer tout ce dont il a besoin. Que l'on consulte
l'expérience, et l'on verra combien l'industrie est encore
loin de compte là-dessus. Voilà qui est considérable as-
surément : l'immense majorité des hommes est à la peine ;
sa corvée est de tous les jours, presque de tous les instans, rude, fatigante, souvent excessive, la sueur coule
de toutes parts, continuellement, en abondance, et avec
tout cela, il n'y a qu'un petit nombre d'hommes qui ob-
tienne les commodités de la vie, tandis que les autres,
destitués des garanties nécessaires, demeurent exposés, au
moins en partie, à toutes les duretés de la nature. L'immense
majorité habite dans de tristes et déplaisantes maisons, mal
meublées, mal aérées, mal éclairées, mal chauffées ; l'immense majorité est incapable de passer à son gré d'un lieu
à l'autre, sinon à pied, à la pluie, au soleil, dans la poussière, sans hospitalité ; l'immense majorité est imparfaitement vêtue, aussi dénuée d'élégance dans son costume que
dans son logis, à peine chaussée, malpropre ; l'immense
majorité est pauvrement nourrie, privée de vin, privée de
viande, privée de tout agrément culinaire, souvent réduite
à se ménager le pain, souvent même à avoir faim ; bref,
l'immense majorité travaille, et non seulement elle ne jouit
pas, mais son travail est si assidu et sa vie si épineuse,

qu'elle manque presque absolument de la quiétude nécessaire au plein développement de l'existence. Qu'est-ce donc
au fond que cette misère? Le défaut de la vertu créatrice. Le
genre humain peut bien concevoir un autre ordre physique,
mais il n'a pas le nerf qu'il faudrait pour le réaliser. La nature terrestre lui est trop hostile et trop supérieure, et,
pour donner un autre cours à ses lois, il est ou trop faible
ou trop inintelligent. En rassemblant toute sa puissance,
il ne réussit à produire que la somme d'actions nécessaire
pour faire régner autour d'une minorité imperceptible les
conditions qui devraient être celles de tout le monde. Les
bras lui manquent. En un mot, dans sa lutte contre la nature, il n'y a pas assez de force de son côté.

Mais cette infériorité appartient-elle à ce qu'il y a de constant dans les choses humaines, appartient-elle à ce qu'il y a
de variable? Faut-il se résigner à l'indigence actuelle, faut-il
s'embellir l'avenir? Le problème est capital, mais facile. Si le
genre humain, dans sa guerre, n'avait pour lui que la force
musculaire, comme cette force, liée à l'organisation même
de l'espèce, n'augmente guère, il n'y aurait guère à espérer
non plus que l'état de la guerre pût changer. Mais il est
rare que l'homme engage directement sa force contre la
force naturelle qu'il veut vaincre. Pour remonter les courans il a des méthodes plus recherchées et plus impérieuses
que de fatiguer ses bras sur les rames. Il a enfin une tacti-
que. D'où il suit que sa puissance industrielle n'est pas moins
fondée sur son intelligence que sur ses muscles. Donc cette
puissance, loin d'être stationnaire, se développe continuellement. Aidé par la connaissance des secrètes dispositions
de la nature, l'homme parvient à tourner les unes contre
les autres les forces qu'elle entretient sur la terre, et à la
réduire par le seul effet des circonstances qu'il lui prépare
et dans lesquelles il la laisse. Il est aidé non seulement par
sa force personnelle, mais encore par toutes celles qu'il a
su enrôler sur l'ennemi. Ainsi font tous les habiles conqué-
rans. C'est là que l'augmentation paraît sans bornes. Plus
la nature est au-dessus de l'homme, plus les auxiliaires
qu'il en détache ont de vigueur. Il n'est rien qu'avec leur
concours il ne puisse projeter, s'il lui suffit de porter les

premiers coups pour que l'action qu'il a commandée, quelque forte qu'elle soit, succède à ce signal. Et n'est-il pas en droit de songer, sans chimère, à une réforme universelle de l'existence terrestre, si cette réforme peut effectivement résulter, sans plus de labeur, de plus de génie?

Puisque l'homme est capable par les seules conséquences de son perfectionnement spirituel de mettre de son côté autant de force qu'il en peut souhaiter, il ne lui reste pour assurer son succès qu'à tourner son intelligence à deux choses : la première, c'est de découvrir les moyens propres à neutraliser de mieux en mieux les influences pernicieuses de la nature, et à faire régner autour de lui l'élégance et le bien-être; la seconde, de découvrir les moyens de réaliser ces inventions avec une quantité de bras de plus en plus petite, et d'étendre par conséquent leur bienfait à une multitude de vivans de plus en plus considérable. L'une, pour garder la comparaison avec la guerre, est la détermination des positions à enlever; l'autre, la détermination de la manière de soustraire à l'ennemi et de mettre en action les forces dont il est possible de faire usage contre lui. Voila, en effet, qui importe non seulement à l'intérêt matériel, mais à l'honneur. Qu'il fût dans les lois primitives de l'homme de se contenter des voies les plus simples, c'est ce que la bassesse de son point de départ explique assez : mais aujourd'hui, avec l'idée superbe que nous avons de notre espèce, quoi de plus répugnant que de le voir s'employant, toute intelligence à part, comme un agent mécanique, se ravalant au niveau d'un animal, d'une chute d'eau, de toute force aveugle et grossière. Ce n'est pas tant la sueur qu'il verse qui fait pitié, c'est le métier misérable dans lequel il est. Est-ce bien à jamais la destinée d'un si grand nombre de mes semblables de n'être sur la terre que des fournisseurs de mouvement? ou plutôt la fin de l'industrie n'est-elle pas, comme je le marquais tout-à-l'heure, non seulement de nous donner des moyens de remédier à tous les inconvéniens de notre séjour actuel, non seulement de faire que cette aisance essentielle devienne commune à tout le monde, mais encore, ce qui n'est pas moins considérable, d'élever tous les tra-

vailleurs à la dignité soit d'artistes, soit de directeurs in
telligens de la force étrangère. J'aime à me représenter les
hommes comme les officiers de cette grande milice que nous
tirons de la nature, et qui nous sert à soumettre la terre
à notre discipline. Qu'ils se fatiguent maintenant, qu'ils
fassent effort, qu'ils se trempent de sueur, leur grandeur
ne m'échappe plus. Je puis les plaindre, mais je vois des
maîtres, et je les admire. En voici un qui médite de grandes choses, il entre dans la terre, il en rompt d'un coup
de poudre quelques morceaux qu'il jette, en les y enflam-
mant, dans une construction qu'il a disposée d'avance, et
dans laquelle ce feu trouve de l'eau : que la nature agisse
maintenant, qu'elle suive ses lois, ces mêmes lois desquelles, dans sa liberté, elles nous fait naître l'incendie, la
sécheresse, la pluie, les inondations de toute espèce, il n'y a
plus à la craindre, car on l'a su mettre dans des conditions
où tous les phénomènes qu'elle peut produire sont désormais
à la convenance de l'homme. Elle est prête à travailler sous
ses ordres, et, pourvu qu'il lui prépare les matériaux et les
instrumens nécessaires et qu'il la mette aux prises avec eux,
elle va lui fabriquer ses vêtemens, lui forger le fer, lui
scier le marbre, lui façonner toutes choses, lui creuser ses
rivières, lui remorquer ses bateaux, le transporter lui et
ses fardeaux partout où il lui plaît, et, pour peu qu'il le
désire, lui labourer et lui ensemencer le terre. Il suffit qu'il
soit présent, afin de veiller à l'imprévu, et de guider par la
main, dans les champs et dans les ateliers, son aveugle et
gigantesque esclave. C'est un esclave en effet qui ne saurait travailler de lui-même et sans l'assistance de son maître;
ou pour prendre une figure plus juste, il n'y a là qu'un
simple développement de la force musculaire de l'homme.
Ainsi fortifié, un seul bras accomplit ce qu'autrement mille
bras n'auraient pu faire. Mais encore est-il de première
nécessité que ce bras d'homme soit à l'œuvre, puisqu'il
est le principe de tout. C'est cette présence de l'homme au
travail qui constitue, dans l'industrie, le point invariable.
Du reste, tout est susceptible de changer, tout a changé,
tout changera. On sait assez que les inventions de l'homme
pour corriger la nature sont sans bornes, et dès à présent

même il n'y a plus guère de maux dont il n'ait trouvé quelque moyen de se défendre. Mais il n'y a pas de bornes non plus à la quantité de force qu'il peut attacher à son service. La terre lui en offre plus que, selon toute apparence, il ne lui en faudra jamais. Outre les sources de force artificiellement fondées sur les propriétés physiques et chimiques des élémens, de combien de sources naturelles et inépuisables ne sommes-nous pas maîtres de prendre possession? Les vents, les fleuves, les cascades, les variations de l'atmosphère, les foyers calorifiques souterrains, même les effets jusqu'à présent négligés de l'électricité planétaire, toutes ces puissances au milieu desquelles nous vivons, dont les moindres manifestations nous sont des prodiges en comparaison de nous-mêmes, et, rien qu'à nous toucher, nous écrasent, toutes ces puissances sont à nous si nous le voulons, car notre génie les domine. Pour ne citer que la force qui donne les marées et les tempêtes, que celle qui donne les volcans, que celle qui donne la foudre et les éclairs, que n'en ferions-nous pas si nous les avions à nos ordres? Ne craignons donc pas de nourrir dans nos espérances une industrie ambitieuse, car il est certain que l'homme n'est pas fait pour recevoir toujours un aussi faible prix de son travail qu'aujourd'hui. S'il consent à verser sa sueur sur la terre, il faut du moins que cette sueur y devienne de plus en plus efficace. Sa destinée ne saurait être de demeurer éternellement l'inférieur de la nature, puisqu'il s'agrandit continuellement et que la nature ne change pas; puisqu'il y a en lui l'infini, et qu'il n'y a jamais rien que de fini dans cette nature telle qu'elle se témoigne à lui. Demeurons donc persuadés que l'anéantissement universel de la misère n'est qu'une simple question d'intelligence et de travail. Qu'on laisse faire les sociétés humaines, elles sauront bien la résoudre.

C'est à quoi l'instinct de l'humanité les conduit. Même dans leurs plus mauvais jours, désolées par le désaccord, par la famine, par les calamités de toute espèce, elles ont refusé de désespérer et de déserter la cause de l'industrie. En vain a-t-on voulu leur prêcher la malédiction de Dieu sur la terre comme absolue, elles n'ont pas cessé de s'ingénier à en adoucir la dureté. Elles ont résisté à l'idée que cette résidence fût nécessairement et à jamais un lieu de pauvreté. Elles ont condamné les ascètes, et laissé la superbe entreprise des ordres mendians s'évanouir. Elles ont même fait violence à la croyance théocratique, et aspiré, à leur insu, par le travail, à la vraie fin du monde. O raison profonde des populations, d'où avez-vous donc déduit si fermement que les apôtres de l'indigence avaient tort, qu'il n'est pas nécessaire que le corps soit géné pour que l'âme tende au ciel, et que la sérénité physique de la vie est un des principes de la continuation de l'essor spirituel du genre humain. Mais les moines sont morts ; les jardins fleurissent sur leurs cimetières, et le bruit des machines qui, jour et nuit, vomissent la richesse sur la terre, remplit les antiques demeures où ils s'efforcèrent si long-temps de convier les hommes aux austérités fatales de ce monde. Chaque jour, de la même quantité de travail, naît une plus grande somme de biens. Que l'on compare ce qui se produit aujourd'hui en Europe, et ce qui, il y a un siècle, avant que la technologie y eût fait tant de progrès, s'y produisait avec la même sueur. Que de terrain gagné sur la nature dans un si court intervalle, et combien lui en enlèverons-nous donc encore avant cent ans ! On peut, sans illusion, concevoir un temps où les sociétés comprenant plus nettement le sens religieux de l'industrie, concertant mieux leurs efforts et en distribuant les fruits avec plus de méthode, il n'y aura plus dans leur sein un seul homme qui, moyennant son travail, ne soit convenablement logé, vêtu, nourri, qui n'ait sa part non seulement de confortable, mais d'élégance, qui, affranchi de tout ce que la terre a de fâcheux, ne soit enfin en position d'y bien vivre. Le perfectionnement véritable, non celui des conditions qui entourent les êtres, celui des êtres eux-mêmes, loin d'être ralenti par cette politique, n'en sera que plus sûr. Il est faux que les privations et les douleurs du corps soient un bon stimulant vers Dieu. Elles n'exaltent l'âme qu'en la faisant passer par dessus la création ; ce qui est un égarement, et, au fond, une impiété. Ainsi, ce n'est pas un régime à proposer au monde. Le monde est à jamais créé, et le culte de l'intelligence et de la charité y est surtout facile dans les âmes tranquilles, qu'aucune préoccupation ne détourne et qu'une existence contente dispose à la bonté. Aussi, quand les amis du genre humain désirent que la pauvreté disparaisse, doivent-ils le faire moins encore en vue de la souffrance physique, que de l'abrutissement dont elle est souvent cause. C'est parce qu'elle est un obstacle au salut réel des hommes, qu'ils sont en droit de lui dire saintement anathème. Non, théologiens sévères de la chrétienté, la pauvreté n'est pas un bien ; non, elle n'est pas une épreuve efficace ; non, elle n'est pas une loi fondamentale de notre monde. L'universalité du bien-être y est une plus haute convenance. Elle y représente le chemin du ciel, devenu plus aisé et plus égal pour tous. Elle y est donc une des bases légitimes de l'institution morale et religieuse, comme elle y est une des grâces du créateur. Peut-être a-t-il été utile que, dans le commencement, elle ait manqué. Mais ce n'est pas dans les satisfactions qu'elle procure, que, sorti de son enfance, le genre humain peut être en danger de s'embarrasser jusqu'à se laisser distraire par elles de la recherche des jouissances divines. Il n'y a que les âmes puériles qui soient exposées à se perdre dans ces amusemens, parce que le goût de l'infini n'est point encore avec elles.

Toutefois, quel que soit le succès du genre humain dans l'amélioration de sa résidence, il ne faut pas oublier que le travail en sera toujours la condition essentielle. Il est la conséquence du défaut d'harmonie qui existe, d'ordre divin, entre l'organisation de l'homme et l'organisation de la terre, et, pour qu'il cessât, il faudrait que l'une ou l'autre de ces organisations vînt à changer. Mais les inconvéniens de la terre étant une suite naturelle de ses lois fondamentales, ne peuvent changer qu'avec elles, et, comme ces lois régissent aussi l'organisation de l'homme, il y aurait nécessité à ce que cette organisation changeât en même temps. D'où il suit que l'existence du travail est liée à jamais à l'existence du genre humain. Il ne faut donc pas rêver de s'y soustraire. Et, bien que l'on n'en puisse rien conclure contre la terre, puisque rien n'empêche d'y concevoir une race différente de la nôtre et conçue de manière à être indifférente aux phénomènes qui nous sont contraires, ou même à y trouver du plaisir, il est cependant légitime d'établir que la terre, considérée dans ses rapports avec le genre humain, n'arrivera jamais à la perfection. Le travail, par le progrès de l'association et de l'industrie, pourra y devenir moins continuel, moins rude, moins déplaisant, mais il y aura toujours à s'y résigner. C'est une peine sans fin. La technologie, quoi qu'on fasse, appellera toujours la fatigue. Peut-on concevoir un seul art qui n'ait ses ennuis, une seule opération mécanique qui n'ait ses efforts de vigueur ou de patience opposés de quelque manière à la béatitude du corps? Parviendrait-on à se délivrer de ce que la mythologie nomme la sueur, qu'on ne parviendait cependant pas à se délivrer de ce que la philosophie nomme plus généralement le déplaisir. N'est-il pas impossible que l'homme ait jamais de l'attrait à mesurer sa faiblesse, et le travail mécanique n'est-il pas justement ce qui lui rend le plus sensible la distance qui sépare sa vertu de création de sa vertu de volonté et de pensée? Ainsi, au fond, nul métier, lors même qu'on l'aurait dépouillé de toute âpreté, ne saurait être véritablement agréable. Il me semble voir sur le visage même de l'homme, au plus noble endroit, dans ces sourcils qui n'ont d'autre fin que d'empêcher la sueur qui tombe du front de ruisseler dans les yeux, un signe de la condition invariable de sa race, et, si j'ose le dire, comme une marque de condamnation à perpétuité au travail forcé. Que la rigueur de cet arrêt fondamental perde, avec le temps, de sa dureté, le genre humain n'en sera pas moins visiblement solidaire dans tous ses membres, et en rendra jusqu'à la fin témoignage.

Mais toute pénalité à part, sans chercher à soulever les voiles de cette mystérieuse expiation dont la terre est le théâtre, quelle est donc la nécessité philosophique du travail? Pourquoi une partie si importante de la vie humaine se consume-t-elle dans des actes absolument étrangers à son salut éternel? Quelle convenance y a-t-il entre notre essence infinie et ce genre d'occupation qui ne profite qu'à notre manifestation temporelle? Ne serait-ce pas que l'obligation du travail, qui est sans doute la peine de notre imperfection, est en même temps d'accord avec toutes les autres conséquences de cette imperfection? Je me persuade qu'étant ce que nous sommes, il nous serait funeste de n'être pas condamnés au travail comme nous le sommes. Les hommes n'ont point en eux assez de force pour s'appliquer avec un effort continuel aux œuvres qui procèdent directement de l'amour de Dieu et des êtres. Il leur faut à tous de la relâche, et d'autant mieux que leur éducation, qui ne se peut effectuer que peu à peu, réclame également des intermittences durant lesquelles les choses reçues s'absorbent, pour ainsi dire, et s'identifient avec l'être. C'est donc une nécessité de la nature humaine, que de se divertir par instans, de l'infini. Donc il lui faut une autre occupation qui la puisse fixer aussi, et sans la détourner assez pour l'égarer. Cette occupation, c'est le travail. Moins l'être est élevé, plus il a besoin de s'aider et de se préserver par le travail. Travailler et prier : travailler, si l'on ne prie pas; prier, si l'on ne travaille pas; voilà, en étendant le nom de prière à tout ce qui perfectionne les âmes, le système de la vie sur la terre. Et même, en ce sens, le travail, comme acte de soumission et d'expiation volontaire, prend-il une vertu plus efficace encore qu'il n'y paraissait au commencement, et devient-il capable, par la force d'intention, de se sanctifier et de s'associer par conséquent à la prière. Qui travaille prie, a dit le plus profond des théologiens. Il ne faut donc pas nous plaindre que les lois qui régissent la terre nous fassent du travail une obligation générale. Il ne faut nous plaindre que de nous-mêmes, puisque dans l'état d'imperfection où nous sommes, c'est une grâce de Dieu que nous soyons tirés, malgré nous, du désœuvrement, et assujettis à dépenser sérieusement une partie de notre vie pour assurer notre aisance. Aussi n'est-il pas à croire que les parties de la terre dont le climat donnant le plus de dispense du travail est en apparence le plus favorable, soient effectivement les meilleures. De ce que le sol y est plus fécond, l'atmosphère plus tempérée, les besoins de l'organisation moins actifs, il ne résulte pas que les hommes y soient dans une position plus prospère. L'oisiveté qui leur y est permise, loin de profiter à leur développement, sert plutôt, comme l'expérience ne le montre que trop, à les faire dévier et à les perdre. De sorte que les contrées dans lesquelles le genre humain, dans son état actuel, est en définitive le mieux placé sont celles où il n'est ni trop flatté ni trop incommodé par la nature. Il est bon que nos sociétés aient constamment quelque travail à accomplir, les âmes supérieures étant les seules qui puissent sans péril s'abstenir d'y prendre part, parce qu'elles ont assez d'attachement à la pensée pour se garder elles-mêmes de l'engourdissement ou des aberrations de loisir. Mais comme les conditions du travail ont ainsi une certaine convenance aux conditions métaphysiques de l'âme, il s'ensuit que, pour peu qu'il y ait de l'harmonie dans l'institution terrestre, il faut que le travail y soit soumis à une variation correspondante à celle des âmes. L'ordre aurait également à souffrir soit que le travail diminuât sans que les âmes s'élevassent, soit que les âmes s'élevassent sans que le travail diminuât. L'adoucissement graduel du travail, qui, ainsi que nous l'apercevions tout-à-l'heure, est en fait une des conséquences naturelles de la perfectibilité humaine, en résulte donc aussi en droit providentiel. Le genre humain se justifie à mesure qu'il s'éclaire, et se justifiant et s'éclairant, il devient plus capable et de s'appliquer à l'infini et de se délivrer.

Ainsi, tandis que la terre demeure constante, son rapport avec la population qui vient successivement y prendre place change sans cesse. Le genre humain n'y est pas enchaîné comme un Prométhée sur son rocher où les mêmes fers l'étreignent toujours, où le même vautour lui ronge éternellement les entrailles. La grâce ne lui est point refusée, et chaque jour les duretés de sa demeure cèdent aux efforts qu'il fait. Il a donc tendance à élever l'astre qui lui est assigné parmi les paradis. Mais parviendra-t-il à l'égaler jamais à ces résidences bienheureuses? Le principe de la perpétuité du travail prouve que non. Tant que l'homme sera obligé par une nécessité d'existence de corriger la nature, tant qu'elle lui résistera, tant qu'il sera empêché par cette lutte de se donner tout entier au Créateur et aux choses infinies de la création, tant que sa vie ne se passera pas dans un ravissement continuel, l'homme, quelle que soit la sublimité de son rang dans les zones moyennes, ne sera pas dans les zones supérieures du monde. Mais je veux même qu'il soit dispensé sur la terre de toute occupation grossière, que le sol y fleurisse partout sous ses pas, que sa locomotion devienne douce et rapide comme celle de l'hirondelle qui nage dans l'air, que le ciel lui soit toujours serein, que l'atmosphère le nourrisse comme elle lui donne à respirer, et s'il faut nécessairement qu'il s'entretienne aux dépens des êtres qui l'entourent, que les rameaux, en secouant dans les vents de succulens parfums, y suffisent, que sa puissance créatrice, uniquement consacrée aux beaux-arts, à ce qui unit les hommes entre eux et les tourne ensemble vers Dieu, en un mot, à toute œuvre ouvrant sur l'infini, suive magnifiquement sa volonté ; que le travail lui soit, en tout, plus facile qu'au musicien qui, en promenant légèrement ses doigts sur le clavier, soulève à son gré dans l'espace des édifices immenses d'harmonie ; que la société humaine, enfin, soit comme un grand chœur d'anges, ce rêve n'est pas encore assez beau pour faire descendre la pure béatitude sur la terre. La mort y reste pour crier sans cesse à l'oreille de l'homme que sa condition est imparfaite, et que ses espérances doivent tendre vers un état meilleur. Sans doute la perfectibilité est susceptible d'étendre à certains égards ses bienfaits jusque sur le domaine de la mort. Les maladies peuvent devenir plus rares et moins douloureuses, les angoisses de la dernière heure moins amères. Rien n'empêche même que l'aveugle terreur que le trépas inspire au vulgaire par un instinct animal, ne disparaisse entièrement devant la sérénité des croyances. Celui qui s'endort en Dieu, comme l'enfant dans les bras de sa mère, sûr de rouvrir le lendemain les yeux à la lumière, n'a rien à redouter, en effet, de ce rafraîchissement d'un instant. Et quant à ce corps qu'il nous faudra quitter, ne sais-je pas que la même force qui m'a servi à ramasser sur la terre, quand j'ai dû m'y manifester, la poussière qui le compose, ne me manquera pas pour en ramasser encore ce qu'il m'en faudra, partout où ma destinée m'appellera ? Je sens même que, la mort dût-elle me dépouiller absolument de mes souvenirs personnels, je pourrais aller, s'il le fallait, jusqu'à les lui résigner volontiers. Mais ce sont mes amis, ô mort, que je ne te livrerai jamais sans douleur. Tu me les prends, et je ne les vois plus : je n'en possède plus que ce qui est demeuré dans mon cœur, et quand tu me prendras à mon tour, si tu éteins ma mémoire, ce peu que j'en avais ne sera même plus qu'un néant. Quelles amitiés pouvons-nous donc former sur la terre, si tu ne nous permets de les nouer que pour un jour? Je ne crains donc pas de réclamer contre toi devant la souveraine bonté, puisque c'est toi qui nous troubles l'amour infini des créatures, le plus grand des biens dont Dieu, après l'amour de lui-même, ait mis en nous le sentiment et le désir, et qui te joues par des ironies si terribles de nos affections les plus saintes, lorsqu'oubliant la misère de notre condition actuelle, nous avons l'imprudence de ne pas les arrêter dans leur essor. O mort, qui brises par le milieu les destinées les plus belles, et renverses les desseins les plus sagement combinés; qui fais régner partout autour de nous l'incertitude; qui empoisonnes, dès la naissance, tout ce que nous aimons et nous-même, et ne nous laisses toucher dans l'éternelle création aucun bien avec lequel nous soyons sûrs de pouvoir contracter une alliance sans fin; ennemie de tout attachement véritable, toi qui feras verser des larmes sur la terre, lors même qu'on aura trouvé le secret de n'y plus verser sueurs, ô mort! bien qu'au fond, comme le travail et comme la pauvreté, tu conviennes peut-être à notre imperfection présente, qui ne reconnaîtrait que tu es pour nous, telle que tu te témoignes, un incurable fléau? Faites donc, ô mon Dieu, que nous devenions dignes de la jouissance de l'immortalité. Faites que l'effort de notre vie actuelle soit assez méritoire pour cette récompense. Faites qu'en l'attendant, et pour y parvenir, l'amour de vous et de votre création soit dans nos cœurs, et que nous n'ayons aucune pensée en dehors de vous qui ne soit pour le perfectionnement de la société dans laquelle il vous a plu de nous faire vivre. Confirmez-nous dans l'idée que, par l'effet des œuvres de chacun de nous, si médiocres qu'elles soient, la vie des hommes sera un jour plus facile, leur éducation meilleure, leur salut plus certain. Que nos successeurs sur cette terre soient plus heureux que nous, et que l'espérance d'être, malgré l'éloignement des âges, les bienfaiteurs secrets de nos semblables, nous soutienne au travail. Dévouons-nous au service de l'humanité future avec la même vertu qu'à celui de l'humanité présente, et fortifions-nous par la croyance que nous ne pouvons rien pour notre perfectionnement personnel que par notre coopération au perfectionnement général de l'univers. Attachons-nous donc avec courage à la terre, et s'il n'est pas dans la destinée de cet astre que les créatures, sous forme humaine, y soient jamais bien-heureuses, maintenons-y cependant une ouverture vers l'infini, en pensant que cette forme est aussi transitoire dans le cours des existences sur la terre que dans celui des phases successives de notre existence éternelle.

FIN.